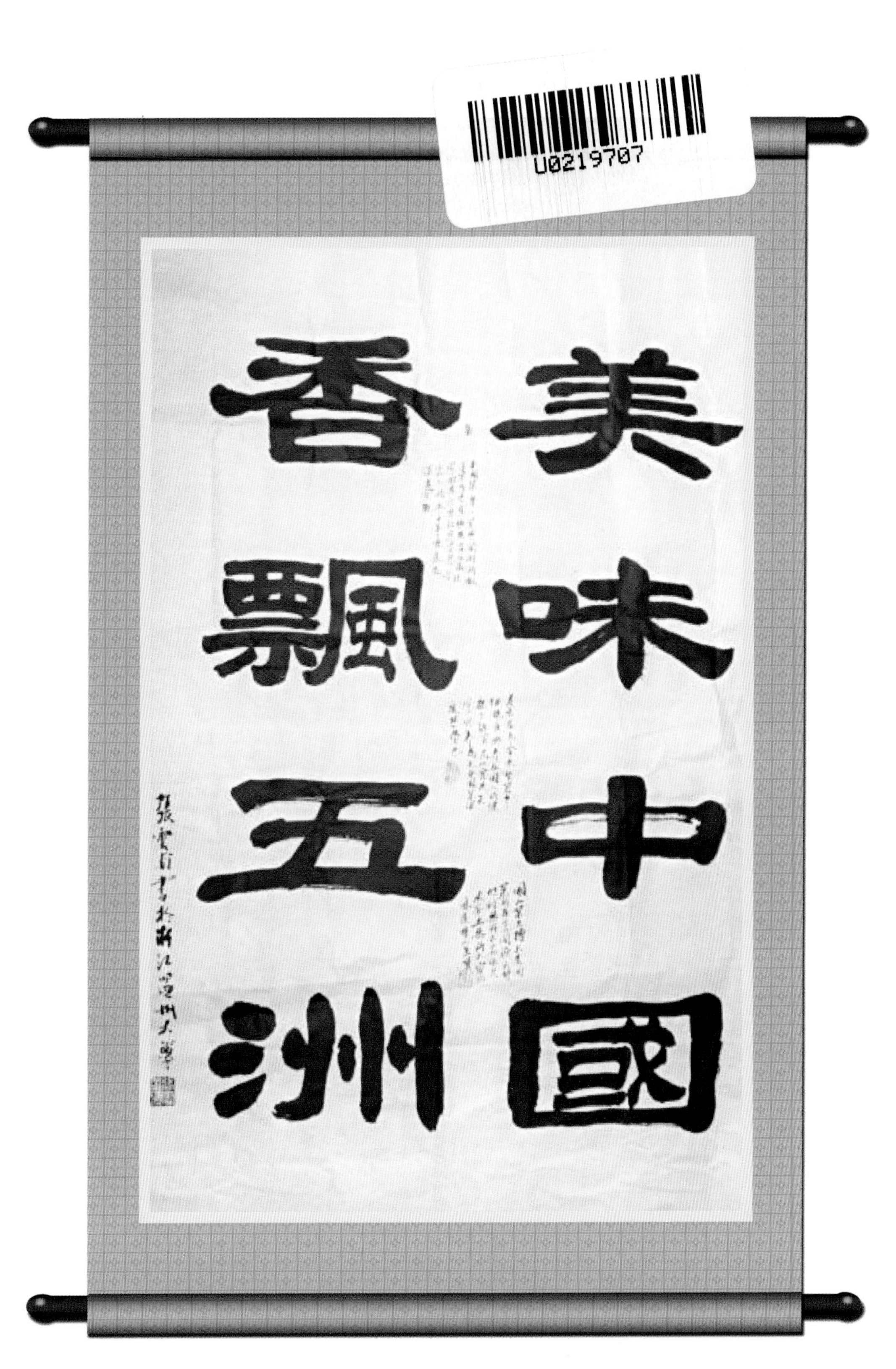

本书主编张云甫先生题字

著名书画艺术家孙喜正大师为本书献艺——金秋丝瓜香

著名书画艺术家孙喜正大师为本书献艺——盛世中华　硕果累累

著名书画艺术家闫仲奎大师为本书献艺——鱼乐图

·中国食文化丛书·

美味中國

——实用调味配方大全

李河山　于连富　张云甫　张仁庆　主编

中国轻工业出版社

图书在版编目（CIP）数据

美味中国：实用调味配方大全 / 李河山等主编．—
北京：中国轻工业出版社，2024.6
ISBN 978-7-5184-1023-1

Ⅰ．①美… Ⅱ．①李… Ⅲ．①调味料—基本知识
Ⅳ．①TS264

中国版本图书馆CIP数据核字（2016）第170896号

策划编辑：史祖福　　责任终审：劳国强　　设计制作：锋尚设计
责任编辑：史祖福　　责任校对：晋　洁　　责任监印：张　可

出版发行：中国轻工业出版社（北京鲁谷东街5号，邮编：100040）
印　　刷：北京君升印刷有限公司
经　　销：各地新华书店
版　　次：2024年6月第1版第13次印刷
开　　本：787×1092　1/16　印张：15.75　插页：8
字　　数：352千字
书　　号：ISBN 978-7-5184-1023-1　定价：38.00元
邮购电话：010-85119873
发行电话：010-85119832　010-85119912
网　　址：http://www.chlip.com.cn
Email：club@chlip.com.cn

240959K1C113ZBQ

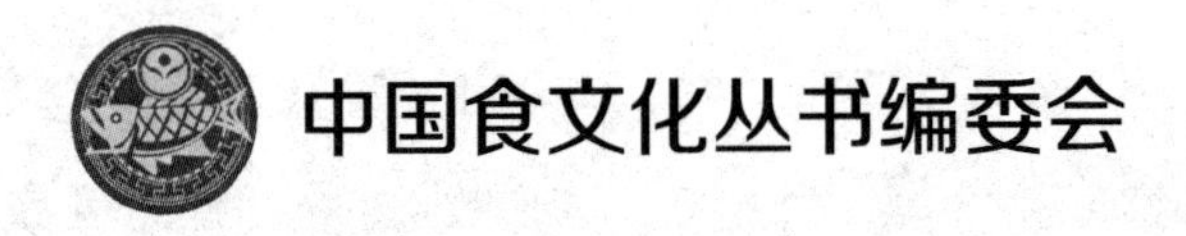

中国食文化丛书编委会

（以姓氏笔画）

李万国（吉） 李　山（蒙） 李爱民（鲁） 李镜正（粤） 李高举（陕） 李秀英（鲁）
李忠东（京） 李命霆（京） 李　军（陕） 李广效（京） 武宝宁（京） 刘敬贤（辽）
刘凤凯（陕） 刘峻杰（中） 刘俊杰（京） 刘桂欣（京） 刘　勇（京） 刘耀辉（闽）
刘建鹏（禛） 刘卫民（苏） 刘维山（晋） 刘　燕（京） 刘利军（冀） 刘援朝（中）
刘俊杰（京） 刘现林（鄂） 刘国栋（青） 刘志明（沪） 刘　标（闽） 刘法魁（豫）
刘佳月（京） 刘宗利（鲁） 刘　科（川） 刘海林（港） 刘兆君（京） 刘柏良（辽）
刘其创（豫） 刘清石（台） 齐津广（粤） 任原生（晋） 任纪峰（中） 毕国才（京）
朱宝鼎（苏） 朱瑞明（京） 朱永松（京） 朱诚心（苏） 吕良福（闽） 吕良胜（闽）
吕洪才（浙） 许堂仁（台） 许振克（冀） 初立健（鲁） 吴朝珠（渝） 苏耀荣（粤）
苏志远（鲁） 苏喜斌（京） 雷博洪（鄂） 雷志奎（鄂） 巩蒲城（鄂） 涂　欣（鄂）
涂春梅（陕） 邵军亭（新） 冯宏来（京） 范立士（冀） 米　佳（陕） 邓　宇（鄂）
邓小赛（赣） 杜广贝（京） 杜　力（晋） 杜　莉（川） 杜　利（黔） 邱　顺（蒙）
邱庞同（苏） 何吉成（新） 何　亮（京） 何　凡（上海）何义峰（中） 何若兰（台）
稽饶文（苏） 沈映洲（赣） 沈晓军（闽） 沈建新（沪） 谷宜城（京） 蔡　励（京）
管延松（鲁） 姚　杰（京） 姚荣生（浙） 姚海扬（鲁） 肖存和（赣） 肖永利（京）
肖　芊（京） 施建岚（中） 鲁维允（京） 候文益（鲁） 康贤书（川） 张文彦（京）
张云甫（鲁） 张仁庆（京） 张帅林（黑） 张志广（京） 张铁元（京） 张多武（津）
张金涛（闽） 张旭辉（辽） 张　钧（沪） 张广民（陇） 张永利（豫） 张宝胜（鲁）
张奔腾（辽） 张韶云（鲁） 张　慧（黑） 张庆嘉（京） 张铭泽（港） 张　起（沪）
张建春（陕） 张世友（川） 张贵平（黔） 张景龙（黔） 张春雨（豫） 张亚萍（京）
张勇辉（闽） 张爱国（京） 张吉顺（鲁） 张绵龙（京） 张贵平（蒙） 张　坤（鄂）
张起金（京） 张进利（冀） 张智勤（冀） 张潮荣（晋） 张金齐（冀） 权福健（鲁）
余延庆（吉） 余教信（浙） 金宁飞（闽） 金昌宝（辽） 焦明耀（京） 安卫华（京）
蔡育发（沪） 蔡育福（沪） 蔡孝国（鄂） 施顺利（浙） 孟祥萍（京） 陈连生（京）
陈功年（浙） 陈志云（浙） 陈　坪（西） 赖维森（闽） 游凤招（闽） 魏德旺（闽）
黄振荣（闽） 陈金山（闽） 陈沧海（吉） 陈光新（鄂） 陈桂琴（冀） 陈　峰（港）
陈彦明（辽） 陈晓汀（闽） 陈　坪（陕） 陈　智（京） 陈显俊（青） 陆庆才（中）

陈印胜（京） 杨利明（蒙） 杨科庭（粤） 杨汉前（沪） 杨建良（苏） 杨立京（京）

杨旭升（桂） 杨益华（津） 杨光顺（黑） 杨景玉（豫） 杨登龙（沪） 杨玉辉（鄂）

杨淑珍（台） 杨贯一（港） 杨太纯（辽） 杨 杰（晋） 杨 锦（津） 杨志杰（辽）

杨建良（苏） 倪子良（晋） 袁晓东（京） 宋国学（冀） 宋广泉（津） 宋文瀚（吉）

宋清海（豫） 吴敬华（京） 苏喜斌（京） 邹德昌（辽） 罗书铭（桂） 罗时龙（苏）

周 玲（川） 周三金（沪） 周华兵（京） 周 雄（浙） 周桂禄（京） 周 利（沪）

周朝富（京） 周世勤（京） 周守正（（川） 林俊春（琼） 林承步（京） 林建璋（闽）

林文杰（京） 林立广（中） 林醉杰（浙） 林自然（粤） 林铭煌（闽） 林庆祥（闽）

林凌山（赣） 郑佐波（浙） 郑秀生（京） 郑先民 {豫} 郑维新（鲁） 姜宪来（辽）

姜 波（京） 姜福松（日） 鲍业文（豫） 庞风雷（中） 胡建生（冀） 胡华伟（鄂）

胡晓华（渝） 胡秀清（京） 郭庆杰（津） 郭广义（冀） 武保宁（宁） 何兴民（京）

何 亮（京） 赵留安（豫） 赵西颖（鲁） 赵惠源（京） 赵有生（晋） 赵有才（京）

赵庆华（京） 彭训功（豫） 贺 林（蒙） 崔卫东（京） 侯玉瑞（中） 侯根宝（沪）

郭建宇（京） 郭方斌（鄂） 郭恩亮（沪） 郭亚东（京） 郭本良（川） 郭广义（冀）

梁长昆（川） 俞学锋（鄂） 祝阿毛（沪） 宫学斌（鲁） 宫明杰（鲁） 阎仲奎（京）

涂春梅（陕） 曹 恳（京） 郝文明（蒙） 郝 海（冀） 郝树忠（蒙） 郝 娟（京）

郝清林（冀） 章元炳（浙） 陆新辉（闽） 那国宏（京） 郝臻朝（京） 骆炳福（闽）

海 兰（青） 海 然（京） 夏德润（吉） 夏华昌（沪） 唐代英（陕） 冉鸿雁（辽）

唐永娥（鲁） 贾富源（鲁） 陶 震（京） 尉京虎（鲁） 高关岐（陕） 高 山（京）

高小锋（桂） 高俊宏（冀） 栾宝谦（鲁） 顾明钟（沪） 徐宝林（苏） 徐小龙（粤）

徐兰清（京） 徐 权（京） 徐建伟（沪） 徐守乐（黑） 夏方明（鲁） 鲁维允（京）

解 锋（陕） 钱文亮（冀） 康 辉（京） 黄振华（粤） 黄建兵（苏） 黄铭富（贵）

黄荣华（赣） 金树萍（京） 粘书健（鲁） 曹宝龙（京） 钟一富（川） 荣学志（京）

常维臣（京） 常百阳（京） 韩文明（蒙） 韩正泽（蒙） 韩桂喜（京） 曾术林（晋）

曾 耿（浙） 程伟华（鲁） 童辉星（闽） 董国龙（冀） 董国成（粤） 董文才（冀）

董书山（鲁） 谢宏之（京） 谢小明（湘） 谢水兴（粤） 谢旭明（浙） 纪民众（中）

翟文亮（京） 葛龙海（京） 鲍力军（浙） 简振兴（闽） 褚立群（藏） 詹亚军（陕）

裴春歌（冀） 魏传峰（京） 景长林（京） 熊永丰（浙） 熊海波（黑） 熊小东（川）
黎永泰（粤） 樊胜武（豫） 潘宏亮（京） 潘镇平（苏） 潘森扬（浙） 童　伦（京）
潘亚中（京） 傅必聪（台） 戴桂宝（苏） 蒋福军（京） 蒋志强（京） 蒋思前（川）
廖建明（闽） 赖寿斌（闽） 贾三文（蒙） 洪赵海（赣） 潘东治（新） 鞠锦堂（豫）
樊红生（鲁）

本书编委会

前 言

中国烹饪之灵魂在于味道，美味是中国烹饪追求的核心所在。本书组织了行业内一批经验丰富的厨师以及在教学一线的烹饪教师，对国内烹饪调味技术进行了系统梳理，并整理了近千例的秘汁酱料调味技术，以供读者参考。

本书分七章进行论述。分别是第一章饮食风味概述，第二章饮食调味原料，第三章饮食调味技术，第四章港粤调味技术，第五章风味秘汁酱料调制技术，第六章菜点调味技术实例以及第七章饮食调味趣谈。本书的开篇，讲述了饮食风味的概念以及六个层次。在饮食调味原料章节中，讲述了诸如食用盐、酱油、糖等基本调味料，月桂、迷迭香、丁香等香辛料以及一些食品添加剂等，让读者能够了解烹饪调味的原料概况。在饮食调味技术章节中，重点讲述了饮食调味的原理与方法、饮食调味设计实例、常用味汁的调制方法，让读者能够通过这部分内容学习和掌握饮食调味技术的基本原理和方法。在港粤调味技术章节中，重点介绍了目前港澳地区较为流行的调味技术，其中包括港澳风味代表性的潮州卤水、金沙料等调味技术介绍。在风味秘汁酱料调制技术的内容中，重点讲述了潮粤、川、鲁、淮扬、沪、浙、台湾、西（日）式等地方风味的秘制酱料调味技术。在菜点调味技术实例中，列举了近100种菜点的调味实例以供读者参考。最后介绍了盐、洋葱、紫苏等调味料的故事。

本书所有的调味配方都是由经验丰富的厨师所提供。我们愿同所有的业界同行为了推动中国烹饪特别是中国烹饪调味的发展一起贡献自己的力量。

由于成书时间较为仓促，配方来源于诸多厨师，可能会存在一些瑕疵，我们期待与业界同仁、读者朋友进行交流。

编　者

2016年6月

目 录

第一章
饮食风味概述

饮食，一直以来都是人类生存和发展的首要物质基础，是社会进步的前提。人类的饮食史是人类适应自然、征服自然和改造自然，以求得生存、发展的历史，在人类历史进程中形成了人类的饮食文化。在世界上，中国烹饪，或者说中国饮食有着相当的荣誉，占据了一定的地位。

中国地域辽阔，民族众多。由于地理、气候、物产、经济、文化等因素的影响，各地的饮食文化呈现了明显的差异性。中国的菜点品种较多，不同风味的烹饪流派，有其个性化的菜点。在《全国风俗传》中说道：食物之习性，各地有殊，南喜肥鲜，北嗜生嚼。《清稗类钞》中记述了清末部分地区不同的菜点风味特色："苏州人之饮食——尤喜多脂肪，烹饪方法皆五味调和，惟多用糖，又喜加五香"；"闽粤人之饮食——食品多海味，餐食必佐以汤，粤人又好啖生物，不求火候也"；"鄂人之饮食——喜辛辣品，虽食前方丈，珍错满前，无椒芥不下箸也。"说明不同烹饪风味流派内涵的核心是个性突出、特色鲜明的一系列风味菜点。如鲁菜厨师善于做高热量、高蛋白的菜肴，并以汤调味闻名遐迩，偏于咸鲜浓厚口味的菜式占主要位置；川菜厨师长于烹制重油重味的菜式，且富于变化，偏于麻辣的菜式居多；粤菜厨师善用鲜活原料，追求原味，偏于鲜、爽、滑的特色菜式相当丰富。

风味的定义在《辞海》中有两个解释：一为美好的口味，引申为事物所具有的特殊的色彩或趣味；二为风度或风采。在现代食品科学中，风味专指食品的气味和口味。在《中国烹饪辞典》中也有两种解释：一是指具有地方特色的美味食品。如风味餐馆、风味菜肴、风味小吃等；二是指特殊的滋味。许多专家则把"风味"定义为"食品入口前后对人体的视觉、味觉、嗅觉和触觉等器官的刺激，引起人对它的综合印象"或"关于食品的色香味形的综合特征"。风味是一种感觉或感觉现象，所以对风味的理解、评价就具有非确定性，即带有强烈的个人的、地区的和民族的倾向。在当代中国烹饪中，风味是个大概念，不像现代食品科学指的那样狭窄。

中国饮食历史悠久，源远流长，在长期的发展过程中，逐渐形成了众多的饮食风味流派。关于风味流派的划分，聂凤乔先生在《中国烹饪的风味体系及养生》中指出：中国烹饪的风味可以分为六个层次。

第一层次：中国风味。这是相对于世界三大风味流派中的法国风味、土耳其风味而言。

第二层次：五大风味。指在中国版图内，在风味上具有共性的五大风味板块，包括鲁豫风味（咸鲜醇厚）、淮扬风味（清鲜平和）、川湘风味（鲜辣浓淳）、粤闽风味（清淡鲜爽）、陕甘风味（香淡酸鲜）。

第三层次：各省、自治区、直辖市风味。全国23个省、5个自治区、4个直辖市和2个特别行政区都有各自的风味特色。

第四层次：各省、自治区、直辖市内的流派风味。这也都是早有定识的。如广东，含广州、潮汕、东江三流派；陕西，含陕北、关中、陕南三流派……

第五层次：县市风味。全国2000多个县市，各有各的风味特色，“十里不同风”，风味亦如此。例如江苏的无锡、苏州为毗邻二市，相距甚近，风味共性原均为甜，但无锡较苏州更甜；又如绍兴、宁波，相距也不远，风味迥异；还有海南的文昌与琼海，南北相连，在风味上却是一以文昌鸡见长，一以嘉积鸭取胜；如此等，不胜枚举。

第六层次：家常风味。这是中国饮食风格的基础，其中包括50多个民族风味在内，是一切烹饪的源头根本，取之不尽的宝藏。

这个风味体系，它包含了全中国所有的风味个性特色。它是客观存在的，并非某个人的主观臆测。在各个层次之中，各个风味除了共性部分和衔接部的交叉、重叠外，各自个性都很鲜明，绝无完全一样的重复。比如第二层次的川湘风味，涵盖四川、湖南、贵州、云南和陕南的一部分，其共性之一是辣，贵州是糊辣（香辣），云南是鲜辣，陕南是咸辣，分得很清。

本书讲述的饮食风味，主要是调味，通过调味的手段使菜点适合食客口味的美味饮食；通过调味能够去除异味、增加饮食之味；通过准备（序幕）、调制（剧中）、调成（高潮）三部曲完成饮食风味的调制。通过调味来使饮食达到完美的境界，让食客享受到身心愉悦的感觉。

第二章

饮食调味原料

调味料是在饮食、烹饪和食品加工中广泛应用的，主要用于调和滋味和气味，并具有去腥、除膻、解腻、增香、增鲜等作用的产品。中国饮食调味讲究技艺性，菜点的调味是厨师应具备的基本功，而通晓各种调味料的性质、功用则是掌握调味技术的前提。

人类对食品的本质要求包括安全、营养、美味和保健四个方面，其中食品的美味占据了重要地位，而且是界限性标志。无论是餐饮行业、食品加工企业还是家庭日常饮食，要烹制加工出美味食品，调味品的选择、调味方法的运用是关键因素。中国烹饪所用的调味料在世界上是最多的，但凡从盐、醋、酱、糖、辣椒到酒、糟、胡椒、花椒乃至中草药等有数百种，种类繁多。调味品是现代物质生活丰富的折射，随着人民生活水平的不断提高，对食品美味的要求不断提高，对调味品的需求也日益高涨和多样化。

一、基本调味料

1. 食用盐

食用盐又称食盐。其主要成分为氯化钠，用于烹调、调味、腌制的盐。食盐是菜肴调味中使用最广的咸味调料，而且有“百味之王”之称，很多其他味必须有食盐参与才能形成，同时具有助酸、助甜和提鲜的作用。食盐具有高渗透压，能渗透到原料组织内部，增加细胞内蛋白质的持水性，促进部分蛋白质发生变性，因此可以调节原料的质感，增加其脆嫩度。

2. 酱油

酱油是中国的传统调味品，酱油的成分比较复杂，除食盐的成分外，还有多种氨基酸、碳水化合物、有机酸、色素及香料成分，以咸味为主，也有鲜味、香味等。酱油是烹调中使用广泛的调味品。酱油能代替盐起确定咸味、增加鲜味的作用；酱油可增加菜肴色泽，具有上色、起色的作用；酱油的酱香气味可增加菜肴的香气；酱油还有除腥解腻的作用。酱油在菜点中的用量受两个因素的制约，菜点的咸度和色泽，还由于加热中会发生增色反应。因此，一般色深、汁浓、味鲜的酱油用于冷菜和上色菜；色浅、汁清、味醇的酱油多用于加热烹调。另外，由于加热时间过长，会使酱油颜色变黑，所以，长时间加热的菜肴不宜使用酱油，而可采用糖色等增色。

酱油的呈味以咸味为主，也有鲜味、香味等。在烹调中具有为菜肴确定咸味、增加鲜味的作用；还可增色、增香、去腥解腻。多用于冷菜调味和烧、烩菜品之中。此外，还需注意菜品色泽与咸度的关系，一般色深、汁浓、味鲜的酱油用于冷菜和上色菜；色浅、汁清、味醇的酱油多用于加热烹调。

3. 糖

用于调味的糖，一般指用甘蔗或甜菜精制的白砂糖或绵白糖，也包括淀粉糖浆、饴糖、葡萄糖、乳糖等。糖类用于菜肴、食品、饮料等的甜味调味，利用蔗糖在不同温度下的变化，可用于制作蜜汁、挂霜、拔丝、琉璃类菜肴及炒制糖色；糖和醋的混合，可产生一种类似水果的酸甜味，十分开胃可口；在面点制作时加入适量的糖可促进发酵；利用高浓度的糖溶液对微生物的抑制和致死作用，可用糖渍的方法保存原料。

4. 醋

我国在西周时期就已经有了食醋，根据制作方法不同，一般分为酿造食醋和配制食醋两类。酿造食醋是单独或混合使用各种含有淀粉、糖的物料或酒精，经微生物发酵酿制而成的液体调味品，为我国传统的食用醋。成品酸味柔和、鲜香适口，并具有一定的保健作用。配制食醋是以酿造食醋为主体，与冰乙酸、食品添加剂等混合配制而成的调味食醋。醋是烹饪中运用得较多的调味品，主要起赋酸、增香、增鲜、除腥膻、解腻味等作用。在烹饪中主要用于调制复合味，是调制“糖醋味”“荔枝味”“鱼香味”“酸辣味”等的重要调料。醋还具有抑制或杀灭细菌、降低辣味、保持蔬菜脆嫩、防止酶促褐变、保持原料中的维生素 C 少受损失等功用。醋可促进人体对钙、磷、铁等矿物元素的吸收。

二、香辛料

香辛料是一类能够使食品呈现具有各种辛香、麻辣、苦甜等典型气味的食用植物香料的简称，它可提供令人愉快的味道和滋味。世界上热带国家和地区是香辛料的主要产区，但大规模工业生产仍局限于少数几个国家和地方，如南亚和东南亚主产黑、白胡椒，斯里兰卡肉桂、中国肉桂、八角茴香、小豆蔻；印度、巴基斯坦产辣椒和姜黄；牙买加是生姜、众香子的生产基地。

我国幅员辽阔，自然条件优越，有着丰富的香料植物资源，主要集中在南部沿海和黄河、长江流域的省份，那里特有的自然条件适宜香辛料的生长，有桂皮、丁香、砂仁、豆蔻等几十个品种。近年来，随着人民生活水平的逐步提高，对香辛料的需求也逐年增加。旺盛的市场，进一步刺激了生产，使产品种植面积、品种、产量逐年增加。

香辛料种类很多，广泛应用于烹饪食品和食品工业中，其主要作用是调香、调味及调色。由于香辛料中含有丰富的营养物质（矿物质和挥发油），故香辛料还可提供一些人体所需的营养物质，以及具有散寒、温中、行气的药理功效，是一类有益于人体健康的调味品与食品辅料。据最近研究报道，不少香辛料还具有抑菌、防腐及抗氧化作用。

1. 月桂

月桂又名桂叶、香桂叶、香叶、天竺桂。其味芳香文雅，香气清凉带辛香和苦味。月桂为常绿乔木或灌木。具有杀菌和防腐的功效。广泛用于肉制汤类、烧烤、腌渍品等。

2. 甘牛至

甘牛至又名花薄荷、马月兰花、牛膝草、马乔伦。其味温和文雅，很香，有悦人的辛辣气，并带樟脑味，我国广东、广西及上海等地有种植。甘牛至为多年生草本植物。

3. 迷迭香

迷迭香具有清香凉爽气味和樟脑气，略带甘和苦味。为常绿亚灌木或多年生草本植物。原产于地中海沿岸，目前在我国各地花圃中有零星栽培。具有醒脑、镇静安神作用，对消化不良和胃痛均有一定疗效。在国外主要用于食品调味，通常在羊肉、烤鸡鸭、肉汤或烧制马铃薯等菜肴上加点迷迭香粉或其叶片共煮，可增加食品的清香味。另外，在复合调料、糖果、饮料、冰淇淋、焙烤食品中均有应用。以迷迭香叶提制的浸提物，对油脂和其他食品有良好的稳定作用。

4. 辣椒

辣椒又名番椒、辣茄、海椒、鸡嘴椒。其味辛温，辣味重，有刺激性。辣椒为一年生草本植物。辣椒性辛、热、辣，能调味，有温中散寒，促进胃液分泌、开胃、除湿、提神兴奋、帮助消化、促进血液循环、增强机体的抗病能力。

5. 花椒

花椒又名秦椒、风椒、岩椒、野花椒、大红袍、金黄椒、川椒、红椒、蜀椒、竹叶椒。其味芳香，微甜，辛温麻辣。花椒树为落叶灌木或小乔木，枝、叶、干和果均具芳香味。花椒产于我国北部和西南部。由于它具有强烈的芳香气，味辛麻而持久，生花椒味麻且辣，炒熟后香味才溢出，因此是很好的调味佐料。花椒在医药中有除风去邪、驱寒湿的功能，有坚齿发、明目、补五脏、止痛等作用。

6. 胡椒

胡椒又名古月、黑川、百川。成品因加工的不同而分白胡椒和黑胡椒。胡椒气味芳香，有刺激性及强烈的辛辣味。黑胡椒气味比白胡椒浓。胡椒在我国海南、广东、广西、福建南部、云南西双版纳和台湾等省区均有栽培。从药理上说，胡椒芳香辛热，温中祛寒，消痰，解毒。胡椒是当今世界食用香料中消耗最多，最为人们喜爱的一种辛香调味料，在食品工业中被广为使用。

7. 丁香

丁香又名公丁香、丁子香。其气味强烈芳香、浓郁，味辛辣麻。丁香为桃金娘科植物。公丁香呈短棒状，上端为花瓣抱合，呈圆球形，下部呈圆柱形，略扁，基部渐狭小，表面呈红棕色或紫棕色，有较细的皱纹，质坚实而有油性。母丁香呈倒卵或短圆形，顶端有齿状萼片 4 片，表面呈棕色，粒糙。我国广东、广西等地均有生产。它性辛、温，有较强的芳香味，可调味，制香精，并可入药，主治脾胃虚寒，并能温中止痛，和胃暖肾，降逆止呕。

8. 小茴香

小茴香又名茴香、小茴、小香、角茴香（浙江）、刺梦（江苏）、香丝菜、谷香、谷茴香等。其气味香辛、温和，带有樟脑般气味，微甜，又略有苦味和有炙舌之感。小茴香为伞形花科植物，茴香的果实为两年或多年生草本，有强烈香气。小茴香味辛，性温，气芳香，有调味、温肾散寒，和胃理气等作用。作为天然香辛料的茴香，有烹调鱼、肉时可避秽去异味，并是五香粉调料的主要原料之一。另外在面包、糕点、汤类、腌制品和鱼类海鲜品加工制作中广为应用。茴香油在食品中不但有调香作用，还有良好的防腐作用。

9. 砂仁

砂仁又名缩砂密、缩砂仁、宿砂仁、阳春砂仁。其干果气芳香而浓烈，味辛凉，微苦。砂仁为姜科植物砂仁种子的种仁，是每年生草本。主要栽培或野生于广东、广西、云南和福建的亚热带地区。砂仁味辛，性温，有行气宽中止痛、健脾消胀、安胎止呕的功能，并能加香调味，增强食欲。砂仁可在肉食加工中去异味，增加香味，使肉味美可口。另外，还可作造酒、腌渍蔬菜、制作糕点饮料等食品的调料。

10. 百里香

百里香又名五助百里香，俗称山胡椒。唇形科，多年生草本。茎红色，匍匐在地。干草为绿褐色，有独特的叶臭和麻舌样口味，带甜味，芳香强烈。用于鱼类加工烹饪以及汤类的调味增香。

11. 茴蒿

茴蒿又名孜然、藏茴香、安息茴香。伞形科，一年或多年生草本，高30~80厘米，全体无毛。具有独特的薄荷、水果状香味，还带适口的苦味，咀嚼时有收敛作用。果实干燥后加工成粉状，可用于糕点、洋酒、泡菜等的增香，也可用于肉食品的解腥。

12. 莳萝

莳萝又名土茴香。为一年生伞形科草本植物，茎绿色，长可达3~4米，叶为羽状全裂，果实细小，椭圆形，略扁。以干燥植株作香辛料，具有强烈的似茴香气味，但味较清香、温和，无刺激感。我国有少量栽培。莳萝籽大部分用于食品腌渍。叶经磨细后，加进汤、凉拌菜、色拉的一些水产品的菜肴中，有提高食物风味，增进食欲的作用。莳萝籽是腌制黄瓜不可缺少的调味香料，也是配制咖喱粉的主料之一。全株味辛、温，无毒，具有健脾开胃、补肾、壮筋骨的作用。

13. 山柰

山柰又名沙姜。姜科，多年生宿根草本。地下为块状根茎，有香味。根叶皆如生姜，有樟木香气。切断炮干，则皮赤黄色，肉白色。作为香料可加工肉脯，是制作扒鸡、熏鸡的增香料，也是西式调味料的原料之一。山柰味辛、温、无毒，主暖中，有镇心腹冷痛及牙痛等作用。

14. 肉桂

肉桂又名简桂、木桂、杜桂、桂树。有强烈的肉桂醛香气和微甜辛辣味，性温热，略苦。肉桂为常绿乔木，高达8~17米，茎干内皮红棕色，具有肉桂特有的芳香和辛甜味，整个树皮厚约1.3厘米，作为香辛料主要使用桂皮、桂枝等。肉桂主要产于我国广东、广西、海南、云南也有生产。肉桂味辛，微甜，具有温脾和胃、祛风散寒、活血利脉作用，对痢疾杆菌有抑制作用。肉桂作为食品调味香料被普遍使用，在烹饪中可增香、增味，如用于烧鱼、五香肉、煮茶叶蛋等；还可用于咖啡、红茶、泡菜等调香。肉桂与砂糖配合后口味协和。国外还将它用于糕点、糖果（如胶姆糖）等的调香。

15. 香芹菜

香芹菜又称荷兰芹、欧芹、石芹、洋芫荽等。伞形科，两年生草本，茎多分枝，其形状略似芹菜。全国各地均有栽培，根、叶均有香气。香芹菜分根用与叶用两种。主要用来增香、加味、增加色彩。

16. 辣根

辣根亦称“马萝卜”，属十字花科多年生宿根草本植物，植株高 70 厘米左右。供食用的肉质根呈圆柱形，似甘薯，外皮较厚，全部入土，长 30~50 厘米，横径 5 厘米左右。根皮浅黄色，肉白色，侧根多。到了冬天，地上部全部枯死，春天萌芽长叶，开出小白花。上海市郊出产。辣根是制造辣酱油、咖喱粉和鲜酱油的原料之一，是制作食品罐头不可缺少的一种辛香料。鲜辣根的水分含量为 75%，切片磨糊后可作调味料，还可加工成粉状。有强烈的辛辣味，主要成分为烯丙基芥子油、异芥苷等，具有增香防腐作用。炼制后其味还可变浓，加醋后可以保持辛辣味，有利尿、兴奋神经的功能。

17. 芥菜

芥菜又名大芥。十字花科，一年生或两年生草本，种子分为黑芥子和白芥子，芥菜可直接作蔬菜食用，腌后有特殊鲜味和香味。种子可加工成粉末或制成糊状，也可提取芥子油。辛辣的主要成分为芥子苷，在芥子硫苷酶的作用下，水解成烯丙基异硫氢酸、对羟基苯甲基异硫氰酸、酸性硫酸芥子碱等。具有理气散寒、消肿通络的作用，可用作酸菜、蛋黄酱、色拉、咖喱粉等的调味品。

18. 肉豆蔻

肉豆蔻又称肉果、玉果。肉豆蔻为常绿乔木。我国海南、广东、广西、云南、福建等省区的热带和亚热带地区有少量引种。内豆蔻含有挥发油、脂肪、蛋白质、戊聚糖、矿物质等。肉豆蔻性温、味辛香，有调味、行气止泻、祛湿和胃、收敛固涩作用。作为调料，可解腥增香，是配制咖喱粉的原料之一。肉豆蔻精油中含有 4% 左右的有毒物质肉豆蔻醚，如食用过多，会引起细胞中的脂肪变质，使人麻痹，产生昏睡感，有损健康。少量使用，具有一定营养价值。

19. 豆蔻

豆蔻又名圆豆蔻、波蔻。性温和，芳香气浓，味辛略带辣，高浓度的略有苦味感。豆蔻为根状茎，株形似姜，为多年生丛生草本植物。豆蔻主要成分为龙脑、樟脑及挥发油等。具有理气宽中、开胃消食、化湿止呕和解酒毒的功能。豆蔻作为调味料可用于肉类加工、腌渍蔬菜及糖果中。

20. 胡卢巴

胡卢巴又称卢巴子、苦豆，甘肃称香豆，东北又称香草或苦草。全草干后香气浓郁，略带苦味，性温。胡卢巴含大量甘露半乳糖、胡卢巴碱、胆碱、挥发油、蛋白质、少量脂肪油、维生素 B_1。药用价值有补肾阴、祛寒温、止痛的功效。可用于肾虚腰酸、阳痿、寒疝偏坠、睾丸冷痛、胃寒痛和寒湿脚气肿痛、乏力等症的治疗。民间常把全草晒干后置于箱、枕内防虫、灭虱。胡卢巴种子有催乳作用，还可作为促发及制作避孕药物的原料。胡卢巴种子营养丰富，蛋白质含量达 27%~35%，还富含糖、淀粉、纤维素和矿物质等，可作为药用食品香料，许多国家把它列为营养不良的辅助食品。干茎叶可作为食品调味料，是制作咖喱粉的原料之一。还可广泛用于焙烤食品、酱腌菜，作为调味品。

21. 芫荽

芫荽又称香菜、胡荽、香菜子、松须菜。具有温和的芳香，带有鼠尾草（山艾）

和柠檬的味道。成熟果实坚硬，气芳香，味微辣。全株和种子均可食用，全国各地广为种植。芫荽种子成熟时为芳香气味，过度成熟芳樟醇含量降低，香气差。当种子开始变硬时，即花序中部分种子呈褐色时采收，脱粒晒干。芫荽果叶辛，性温、平，气芳香，有调味、疏风散寒、发表、开胃的功能。芫荽是人类历史上药用和用作调味品的最古老的一种芳香蔬菜，常用较大的幼苗作芳香菜食用。芫荽籽是配制咖喱粉等调味品的原料之一。

22. 姜黄

姜黄地方名为郁金、黄姜。有近似甜橙与姜、良姜的混合香气，略有辣味和苦味。主产于四川、福建、浙江，以及江西、湖北、陕西、云南、台湾等地。姜黄性温，味苦辛，为芳香兴奋剂，有行气、活血、祛风疗痹、通经、止痛等功用。在调味品中作增香剂，是天然食用着色剂，是配制咖喱粉的主要原料之一。

23. 草果

草果又称草果仁、草果子。味辛辣，具特异香气，微苦。为多年生草本，全株辛辣味。产于云南、广西、贵州等地，栽培或野生于疏林中。草果具有燥湿健脾、散寒、除痰等功效，还有增香调味作用，可用于烹制肉鱼菜肴。

24. 罗勒

罗勒又称兰香、香菜、丁香罗勒、紫功薄荷、千层塔、香花子等。具有辛甜的丁香样香气，带有清香气息，有清凉感，并稍有辣味。罗勒性辛温、微毒，可调味、疏风行气、化湿消食、活血、解毒。在菜肴食品调味中，取其芳香和清凉的味道，并能除腥气。罗勒在西式复合调味料中应用普遍。

25. 白芷

白芷又称香白芷、杭白芷、川白芷、禹白芷、祁白芷。气芳香，味微辛苦。杭白芷产于浙江省杭州市的笕桥，川白芷产于四川省遂宁市、温江县、崇庆县等地，禹白芷产于河南省禹县、长葛县等地，祁白芷产于河北省安国市（祁州）。白芷可发表散风、消肿止痛，用于治疗感冒头痛，并具有一定的抗菌能力。因其气味芳香，在制作扒鸡、烧鸡等名特产品中少量使用，在一般饮食中很少用于调味。

26. 八角茴香

八角茴香北方称大料，南方称唛角，也称大茴香、八角。有强烈的山楂花香气，味甜，性辛温。八角产于广西西南部，为我国南方热带地区的特产。八角树每年2~3月和8~9月结果两次，秋季果是全年的主要收成。八角属中有4个品种，其中有两种极毒，即莽草和厚皮八角不可食用，产于我国长江下游一些地区，其形状类似食用八角，角细瘦而顶端尖，一般称为“野八角”，果实小，色泽浅，呈土黄色，入口后味苦，口舌发麻，角形不规格，呈多角形，每朵都在八个角以上，有的多达13只角。在使用时一定要鉴别真伪，切勿混淆误食。八角果所含的主要成分为茴香脑类挥发油，是配制五香粉、调味粉的原料之一，具有温阳、散寒、理气的作用。

27. 洋葱

洋葱又名洋葱头、肉葱、圆葱、玉葱。其味辛、辣、温，味强烈。洋葱适宜于热带、亚热带、温带广大地区生长，在我国很多省区均有栽培。洋葱性辛温，有和胃下气、化湿、利尿、祛痰、降脂、降糖、帮助消化的功能，它所含的硒，还具抗癌作用。由于洋葱有独特的辛辣味，除供作蔬菜生食或熟食外，还用于调味，增香，促进食欲，是家庭烹饪和制作熟肉类食品、罐头、沙拉酱及中西式调味料的常用调味香辛料之一。

28. 紫苏

紫苏有数种，如水苏、鱼苏、山鱼苏等。其味辛、温，具有特异的芳香。野生或栽培，全国各地均有分布。紫苏可取叶晒干即成香料，紫苏子可取油。性辛、温，可解饥发表、散风寒、行气宽中、消痰利肺、定喘定胎、解鱼蟹毒。紫苏叶可煮汤，是做菜调味的佳品。

29. 薄荷

薄荷又名苏薄荷、番荷菜、南薄荷、土薄荷、水薄荷、鱼香草等。味芳香，凉味、凉气中带有青气。薄荷为唇形科植物薄荷的全草或叶，为多年生宿根草本，花淡紫色，小坚果，卵球形黄褐色。花期8~10月，果期9~11月，全国大部地区均有栽培。薄荷味辛芳香，有调味、疏风、散热、避秽、解毒等作用。全草可入药，适用于感冒发热、头痛、咽喉肿痛、无汗、风火赤眼、风疹、皮干发痒、疝痛、下痢等。薄荷是烹饪调料，在中西式复合调味料中常有应用。

三、增稠调料

1. 黄原胶

黄原胶为亲水胶体，它集增稠、悬浮以及稳定乳状液等功能性质于一身。黄原胶汉生901用于鱼肝油制品、奶制品。黄原胶汉生902用于固体饮料、浓缩饮料、果肉饮料、巧克力饮料用调味品。黄原胶汉生903用于胶质软糖、口香糖、西式火腿、午餐肉、香肠及肉类、鱼类、水果、番茄等罐头制品。黄原胶汉生904用于冰淇淋系列产品、糕点表面装饰、奶油、蛋糕制品等。

2. 藻酸丙二酯

藻酸丙二酯为淡黄白粉末，稍有芳香味，易溶于冷水及温水，不溶于乙醇、苯等有机溶剂。本品主要用作各种凉拌菜卤汁、蛋黄酱、果汁、乳酸菌饮料的乳化剂、增稠剂和稳定剂，可作为啤酒泡沫的起泡稳定剂，还可用于固体酱油、汽酒、人造奶油、干豆酱粉和冰淇淋粉等食品中，作为乳化稳定剂。

3. 麦芽糊精

在适宜条件下，麦芽糊精能与水生成凝胶，该凝胶具有像脂肪一样的组织，能代替高脂肪含量中的一部分脂肪，且能保持食品原来的品质。麦芽糊精在糖果巧克力的制造中，能代替部分脂肪和糖，降低甜度、提高质量；用于冰淇淋的制造能使冰淇淋组织细腻，无冰晶，口感好；在牛奶中有良好的分散性，可与奶粉一起作用，配制婴儿食品和儿童食品。

4. 卡拉胶

卡拉胶一般是白到浅黄褐色，表面皱缩，微有光泽、半透明的片状或粉末状，无臭、无味，有的稍带海藻味。卡拉胶的溶液黏稠度相当大，一般比琼脂的黏度高。盐可降低卡拉胶溶液的黏度，温度升高，黏度下降，变化是可逆的。一般卡拉胶的凝胶强度不如琼脂高，透明度比琼脂好，卡拉胶可作为饮料、乳制品、罐头食品的稳定剂，果酱填充剂，面包改良剂，酒类的澄清剂，果冻的凝胶剂；还可加入到速溶茶、速溶咖啡、淡炼乳中，防止产品分层。另外，可可麦乳精、酸奶酪、人造肉中也有应用。

5. β- 环状糊精

本品为白色结晶性粉末，无臭，味甜，水溶解度随温度上升而增高，使各种香料、着色剂、调味料得到保护，起到稳定、抗氧化、抗光等作用，具有去除异味、防潮、保湿的功能。

6. 食用松香酯

食品级松香酯包括松香甘油酯和氢化松香甘油油酯。该产品无毒，已列入食品添加剂。为浅黄色玻璃状固体，较脆，无臭、无味，性能稳定，无刺激性。应用于口香糖中，与其他弹性体混合起到增黏、增加咀嚼作用和柔韧性，以及保持香气的作用。

7. 明胶

明胶是用动物的皮、骨、软骨、韧带、肌膜等含有的胶原蛋白，经初级水解得到的高分子多肽聚合物。蛋白质含量在 82% 以上，营养价值较高，为白色或淡黄色半透明的薄片或粉状，无臭、无特殊的味道。主要用于生产果酱粉、肉汁粉、果冻粉、果膏、糖果、糕点、熟肉制品、蛋白酱等调味汁。

8. 羟丙基淀粉

本品为白色粉末，无毒。与原淀粉相比，其糊化温度低，冻融稳定性、持水性、流动性、成膜性均好。羟丙基淀粉添加到肉汁、酱油、调味汁、调味酱、汤料、冷食及布丁中，可使食品表面光滑、清澈透明，适合不同温度下保存。还可用于罐头、果酱、面、肉制品中作增稠剂、稳定剂、保湿剂和黏结剂。

9. 羧甲基淀粉钠

本品也称淀粉乙醇酸钠，简称CMS，其基本骨架是葡萄糖的聚合。为白色粉末，无臭，可直接溶于冷水，水溶液接近无色，为透明的粘稠溶液，有较高的松密度，吸水性极强，吸水后可膨胀至原体积的250倍左右。易受α-淀粉酸的作用而水解。其他性质与羧甲基纤维素钠相似。主要作为食品的增稠剂、稳定剂，单独使用或与其他增稠合用，其总量均不得超过2%。

10. 耐酸抗盐羧甲基纤维素

本品系白色或微黄色粉末，无毒、无味、无臭，是一种高分子聚阴离子型电解质，为水溶性纤维素衍生物。具有高取代度、高纯度、高透明度、高洁白度。还广泛用于果汁、酱油、调味酱、冷冻食品、油炸方便面、饼干、速食米粉、蛋白饮料、面制品、果冻、油脂固化等。溶解时，应边搅拌边撒入本品，搅拌均匀后，静置数小时便成胶体。贮存容器应为陶瓷、玻璃、塑料制品，不宜用金属容器盛放，以免引起黏度降低。

四、增味调料

1. 甲基环戊烯醇酮

本品为白色或浅黄色晶体，本身具有焦糖味，在30℃时于水中的溶解度为4%。可用于饮料、饼干、糕点、糖果、酱类等。

2. 乙基麦芽酚

乙基麦芽酚为白黄色针状结晶，熔点 89~92℃，易溶于热水，是一种香气浓、挥发性强的化合物。乙基麦芽酚作为一个安全、可靠的食品添加剂，已得到世界范围的承认。乙基麦芽酚应用到食品上，可作为乳制品的香味增效剂，效果特别显著。乙基麦芽酚还可以增加甜味食品的甜度，节省蔗糖，同时抑制苦味和酸味，使食品中的香气柔和。

3. 烟熏香味料

本品以山楂核为原料精精制而成。含有多种天然烟熏风味成分，代替传统的烟熏方法熏制肉、鱼、禽、调味品、豆制品、饮料等食品，可获得良好的色、香、味、无毒，无诱变性，又不含致癌物 3，4- 苯并芘，安全卫生。烟熏香味料产生的浓烟熏香味，容易渗入食品，留香时间长，可去除鱼、肉的膻味，使肉质更为鲜嫩味美，并在表面产生诱人烟熏色，具有防腐抗氧化作用。该产品的使用方法分为直接添加法、浸渍法、雾化法等。

4. 5′- 肌苷酸钠

本品为无色结晶或白色粉末，无臭，有特异鲜鱼味。易溶于水，本品可增加食品的鲜味，一般与谷氨酸钠配合使用，可用于各种调味料、汤料、肉制品、鱼糕等水产品中，并有抑制异味的功能。多用于配制强力味精、特鲜酱油和汤料中，用量为 0.2~0.3g/10kg。由于本品受酶作用能分解，故在酱油、豆酱、调味汁中使用时，添加后应马上灭菌。

5. 核苷酸二钠（I + G）

本品以 5′- 肌苷酸钠和 5′- 鸟苷酸钠为主要成分，也含有尿苷酸钠、胞苷酸钠等，为白至淡褐色粉末，无臭，有特殊味道。易溶于水，难溶于乙醇、乙醚、丙酮等。吸湿性强，但对热、酸、碱稳定，对酶稳定性差，特别是受磷酸酯酶的水解作用而失去呈味能力，用作食品调味保鲜剂，能突出主味，倍增鲜味，降低成本，改善食品风味，有抑制某些食品不良异味等作用。主要用于配制特鲜味精、特鲜酱油、各种汤料、调味使汁、酱类等，一般使用量为0.01%~0.1%。

6. 辣椒精

本品是用辣椒提取精制而成的调味佳品，食用可促进食欲，增进人体健康，且改变了千百年来人们直接食用辣椒造成的不良反应。辣椒作为原料，广泛用于各种调味品和食品中。辣椒精的主要成分是辣椒素、蛋白质、氨基酸和糖类，形态为黏稠状深棕色液体。

7. 异麦芽酮糖

异麦芽酮糖是一种新型不致龋齿的甜味剂。为白色结晶，是蔗糖的同分异构体，以1，6-糖苷键相连，甜度为蔗糖的42%，不易在酸中水解。其甜味纯正，类似蔗糖，既安全又有营养。

8. 天门冬酰苯丙氨酸甲酯

天门冬酰苯丙氨酸甲酯为白色粉状或针状晶体，属二肽甜味剂。味道甘甜纯正，性质稳定，与天然蛋白质一样是由氨基酸构成的，在人体内代谢不需胰岛素参与，不会引起血糖增高，糖尿病患者可使用。天门冬酰苯丙氨酸甲酯的味质与精制白糖极为相似，在后感、舒适、圆润、腻感等方面，比其他甜味剂均好。天门冬酰苯丙氨酸甲酸还具有和酸味易于调和协同的特点，具有增味、矫味等独特性能。天门冬酰苯丙氨酸甲酯可用于营养口服液、果脯、蜜饯、调味品、饮料、固体饮料和罐头中。

9. 麦芽糖醇

麦芽糖醇是一种低热量、高甜度的天然糖加工产品，工业生产是由麦芽糖经氢化还原而制得的一种双糖醇。它具有保温性、耐热性、耐酸性以、非发酵性等特点。

可用于乳酸发酵饮料，以保持乳酸饮料的永久甜味，用于酱腌菜中而不发酵。利用其保湿性和非结晶性，可用于制作糖果、发泡糖和果脯等。由于麦芽糖醇在生物体内几乎不被利用，不会提高血糖值，在体内的代谢不需胰岛素参与，因此是糖尿病、肥胖病患者使用的良好甜味剂。它可用于各种食品中，并较好地保持口腔卫生，防止蛀虫的形成。

10. 可溶性茯苓多糖

本品是用松茯苓菌核中主要成分茯苓聚糖经深加工处理而制成。具有降血压、利尿、减肥、增强人体免疫能力等功效，作为强化型食品添加剂应用于各类食品中，对饮料具有稳定、增稠作用。

11. 环己基氨基磺酸钠

环己基氨基磺钠为白色粉状结晶体，性质稳定，易溶于水，具有甜度高、口感好、无异味等特点。具有蔗糖风味，又兼有蜜香，产品不吸潮，易贮藏，成本低，耐酸，耐碱，耐盐，耐热，为蔗糖甜度的 50 倍。

12. 甜菊苷

本品为从甜叶菊的叶中提取的一种天然甜味剂，甜度为蔗糖的 250 倍，而热值只有蔗糖的 1/300，可代替部分蔗糖使用。

13. 木糖醇

木糖醇是一种五元醇，是一种单糖。为白色粉状结晶，甜度略高于蔗糖，易溶于水，溶解度小于蔗糖，但吸湿性大于蔗糖。木糖醇的水溶液对热有较好的稳定性，是制作适合糖尿病人饮用的保健饮料的理想甜味剂。木糖醇可用于调味品、饮料、果酱、糖果、糕点等的加工。

五、增加营养的调味料

1. 葡萄糖酸锌

锌是人体必需的微量元素之一，缺锌可导致味觉异常和厌食，严重的可造成小儿生长缓慢，智力低下，甚至成为侏儒。葡萄糖酸锌是一种白色晶体，在人体内易被吸收。因此，在食品工业中用作营养强化剂。

2. 乳酸钙

本品是以谷物或薯干为原料，用双酶法新工艺生产。既可供药用，又可作食品添加剂，对于孕妇、婴幼儿均能起到补充钙质的作用。

3. 磷酸氢钙

本品为白色粉末，无臭，无味，性质稳定、几乎不溶于水，用途同碳酸钙。还可作酿造用的发酵助剂，或作为缓冲剂用于酵母营养物。

4. 葡萄糖酸亚铁

本品是以纯粮食为原料，采用发酵法生产，经精制提纯及干燥而成。是国际上新开发的食品添加剂和药物材料，具有高能量和补充铁质的功能。

5. 碳酸钙

本品为白色粉末，无臭、无味，性质稳定，几乎不溶于水。一般用于果冻加工、固定化发酵的凝胶体制备，可作缓冲剂及钙的强化剂。碳酸钙中钙的理论含量为40.04%。

6. 活性钙

该产品以牡蛎壳为原料，清洗后经1250℃煅烧2小时，中间产物为氧化钙，冷却后水解、粉碎，产品含98%左右的氢氧化钙，并含有一些微量元素。为白色粉末，无臭，略有咸涩味，几乎不溶于水，可溶于酸性溶液，在体内吸收率较高，是新型钙离子强化剂。由于本品碱性较强，可代替碳酸氢钠用于面制品如面包、饼干，中和酸，减少产品的钠，增加钙。使用量为 0.5g/kg。

7. 乳酸锌

该产品为白色结晶粉末，无臭无味。1 份乳酸锌可溶于 6 份沸水或 60 份冷水。乳酸锌微溶于醇，于 100℃时失去结晶水。主要用于强化食品。

六、抗氧化的调料

1. D- 异抗坏血酸钠

D- 异抗坏血酸钠又称赤藻酸钠，化学名称 D-2，3，5，6- 四羟基 -2- 己烯酸 γ 内酯钠。该产品为黄白色结晶性粉末，无臭，稍有咸味，除具有补充人体中维生素 C 的含量，还可作为食品的抗氧化剂，代替硝酸盐作为发色剂。

2. 植酸

植酸为草黄色糖浆状液体，易溶于水。在食品加工中被广泛用作防腐剂、抗氧化剂、豆制品改良剂和快速止渴剂等。向乳酸菌的培养基中加入微量植酸，能促进乳酸菌的生长。作为快速止渴剂，在饮料配方中，植酸占 2%~5%。

3. 茶多酚

茶多酚为新一代天然食品抗氧化剂，可延缓各种动、植物油脂的氧化、哈败。抗氧化效果是 BHT 的 2~6 倍，同时还具有抗辐射、抗癌、抑菌、抗衰老作用。

4. 柠檬酸亚锡二钠

柠檬酸亚锡二钠为白色晶体，极易溶于水，易氧化，属二价锡盐，锡含量大于 29%，Sn^{4+}。罐藏中，Sn^{2+} 逐渐消耗残余氧，起抗氧防腐作用，是蘑菇罐头、柠檬、柑橘、苹果等罐头的抗氧防腐、色质稳定剂。用于芦笋、青豆等含苏打水的罐头中，能抑制抗坏血酸的氧化破坏作用。用于胡萝卜、甜菜根等罐头，能抑制肉毒杆菌的生长。一般加入量为 0.01%~0.02%，应溶解于汤汁中。

5. 没食子酸丙酯

没食子酸丙酯为白色或淡褐色结晶粉末，无臭，稍有苦味。pH 为 5.5，难溶于水（可溶解 0.25%），易溶于乙醇，微溶于脂肪油（100g 花生油在室温下可溶解 0.5g），对热较为稳定。遇铜、铁离子呈紫色，遇光易分解，有吸湿性，加热到至 227℃，1 小时后分解。本品可延缓油脂中不饱和键的氧化，保证动植物油脂一年内不变质，无哈味。抗氧化作用比其他抗氧化剂强，与增效剂柠檬酸合用效果更好，与其他抗氧化剂合用作用增加，用于油炸食品时一般加入 0.01%，混入油中最大用量为 0.3g/kg。

6. 丁基羟基茴香醚（BHA）

食品用抗氧化剂叔丁基 –4– 羟基茴香醚，为白色或微黄色结晶性粉末，溶于醇和油脂类。熔点为 48~63℃，沸点 264~270℃，对热稳定，在弱碱性下不被破坏，遇铁离子不产生颜色。多用于鱼、肉、罐头、油炸食品及面制品的制作，每千克油脂用量为 0.01%~0.02%，超过上限，效果下降。可与其他抗氧化剂配合作用，效果更强，总量不超过 0.25g/kg。

7. 特丁基对苯二酚（TBHQ）

特丁基对苯二酚为白色晶体粉末，熔点 126~128℃。它溶于油、乙醇，微溶于水，在油、水中溶解度随温度升高而增大。特丁基对苯二酚的抗氧化效果优于其他抗氧化剂。添加于任何油脂和含油食品均不发生异味和异臭，油溶性良好，其最大特点是在铁离子存在下不着色，还具有良好的保鲜及抗细菌、霉菌和酵母菌的作用。可用于油脂、油炸食品、干鱼制品、饼干、方便面、方便米、干果罐头、腌肉制品中作抗氧化剂，最大使用量 0.2g/kg。在与柠檬酸、维生素 C 或其他抗氧剂配合使用，可起到协同增效作用。使用时要确保抗氧化剂全部溶解，并均匀分布于脂肪和油脂中。

8. 乙二胺四乙酸二钠

此物为白色结晶或晶体粉末，无臭、无味。易溶于水，2% 水溶液的 pH 为 4.7，微溶于乙醇，不溶于乙醚。本品主要作为抗氧化剂和防腐剂使用。同时它也具有乳化功能。乙二胺四乙酸二钠对重金属离子有很强的络合能力，形成稳定的水溶性络合物，从而除去和消除重金属离子或由其引起的有害作用，提高食品的质量。主要用于罐头食品、酱腌菜、清凉饮料、调味汁、调味酱、蛋黄酱、少司、人造黄油、涂抹食品等。我国规定罐头食品中最大用量为 0.25g/kg。在日本，蛋黄酱、调味少司等中的用量为 0.035g/kg。

9. 山梨酸钾

山梨酸钾是 20 世纪 80 年代国际公认的安全、高效防腐保鲜剂，由于它极易溶于水，使用 pH 范围广，因而抑制微生物生长效果显著。该品白色，无臭，具有参与人体新陈代谢的生理机能，不影响食品的色、香、味，使用量与苯甲酸钠相同。本品在 pH6 以下效果为佳。

10. 丙酸钙

丙酸钙为较新的食品防霉剂，质量稳定，抑制霉菌效果明显，可延长食品保存期。最大使用量 0.3%，一般使用量为 0.1%~0.2%。可用于糕点、面包、果汁、糖果、调味品、豆制品等食品中。

11. 对羟基苯甲酸乙酯

此物为白色结晶体，对霉菌、酵母与细菌有广泛的抗菌作用，尤其对霉菌和酵母有特别的抑菌能力。尼泊金酯类的毒性小，抗菌作用比苯甲酸和山梨酸强，其效果并不像酸型防腐剂随 pH 变化，一般在 pH4~8 的范围内效果较好，即在酸性或微碱性范围内均可使用。本品在常温下溶解度较低，在食品加热时按量加入即可，与对羟基苯甲酸丙酯混合使用效果更佳。一般在酱油、醋、饮料中使用量为 0.1g/kg，果汁为 0.2g/kg，水果、蔬菜为 0.012g/kg。

12. 脱氢醋酸钠

脱氢醋酸钠为白色晶体粉末，几乎无臭。易溶于水，水溶液呈中性或微碱性。对光和热较为稳定，抗菌能力随 pH 的不同而变化，但不太受其他因素的影响，对腐败菌、病原菌一样起作用。特别对霉菌、酵母的作用比抑制细菌的作用强，0.1% 的浓度就能发挥抗菌作用。广泛用于干酪、奶油、人造奶油、黄酱、食醋、酱油等食品中，一般使用量为 0.5g/kg 左右。

13. 对羟基苯甲酸丁酯

此物为无色或白色结晶性粉末，无臭，初感无味，稍后有麻感。熔点 69~72℃。难溶于水，在 25℃水中仅可溶解 0.02%；80℃水中可溶 0.15%；在乙醇中可溶解 1.50%；在花生油中可溶解 5%。本品可溶解于 5% 氢氧化钠溶液中，配成 20%~25% 浓度的溶液，便于应用，也可与醋酸混合，加温至 70~80℃，再加入酱油中，有效浓度可用至 1/20000，也可与苯甲酸类并用。

14. 葡萄糖酸 -δ- 内酯

此物为白色结晶或白色晶体粉末，几乎无臭，先呈甜味后显酸味，易溶于水。在水中缓慢水解形成葡萄糖酸，呈平衡状态。它微溶于乙醇，几乎不溶于乙醚。它不仅能改善食品品质和色、香、味，又能改进食品加工工艺和贮藏，还能保持食品鲜度，防止腐败变质，本身无毒，易于人体吸收，具有营养价值，是一种多功能的优良食品添加剂。作为蛋白质凝固剂、酸性剂、膨松剂、调味剂、螯合剂、防腐剂。广泛用于豆腐生产，鱼虾保鲜，面制品、调味品、冷饮等的生产。它对霉菌和一般细菌均有抑制作用，且能增强防腐剂和发色剂的作用效果。使用量为 0.1%~0.3%。

15．乙二胺四乙酸二钠钙

此物为白色晶体颗粒或灰白色晶体粉末，无臭，稍有咸味，稍有吸湿性。它在空气中稳定，易溶于水，几乎不溶于乙醇。具有很好的抗菌性能。主要用于水产罐头、酱腌菜、蔬菜罐头、调味少司、蛋黄酱、调味汁、人造黄油、复合调味酱等。使用量为 0.0075%~0.04%。

七、增色的调料

1．焦糖色

本品主棕黑色粒（粉）状，着色力高，便于包装、贮存、运输，不易变质，使用冲调方便，保证卫生质量，能耐久贮藏。焦糖色主要用于酱油、啤酒、黄酒、罐头、食品、糕点、糖果、汽水、饮料的制作及烹饪等，用量可按不同品种的色泽和调味要求适量添加，使用时可直接用温水或水稀释。

2．红曲米

红曲米是一种天然食用色素，其颜色紫红优美，宛若朱砂，利用它制作的食物能增进人的食欲，对人体有益无害。红曲米含糖化酶、淀粉酶、红曲霉红素、红曲霉黄素、有机酸等物质。被广泛用于红方豆腐乳、红肠火腿、罐头、果酱、糕点、饮料、糖果、酿酒、酿醋等食品行业。

3．辣椒红

辣椒红为天然食用色素，是由茄科植物辛辣椒综合加工的产品之一。母体是 β-胡萝卜素，富有营养，外观呈黑红色油状，分水溶、油溶两种。无毒，无辣味，pH3~11 时稳定，在 100℃下 2 小时不变色。适用于于各种食品的着色。

4．叶绿素铜钠

叶绿素铜钠为蓝黑色粉状，带金属光泽，膏状体为绿色，有胺样臭气，易溶于水，水溶液呈蓝绿色，透明，无沉淀。为天然有机色素，无毒，用于罐头、糖果、点心、蜜饯、酒、饮料等食品的加工。

5. 玉米黄色素

该产品以玉米淀粉的副产品黄浆水为原料，经溶剂抽提精制而成。为天然油溶性黄色素，并含有玉米黄素、隐黄素和玉米油等，稀溶液呈柠檬黄，无毒，无副作用。不溶于水，溶于乙醚等非极性溶剂，可被单甘油酯等乳化剂乳化。偏酸、碱介质、铁、铝等离子对其颜色无影响，作为食品着色剂，不但着色力强，而且稳定。玉米黄为β-胡萝卜素物质，在人体内可裂解为维生素A，有调节人体正常代谢的作用，适用作人造黄油、人造奶油、糖果、糕点等的着色剂。最高用量为0.5%。

6. 沙棘黄

该产品是从沙棘果渣中提取而得的黄色粉末，为油溶性色素。其主要成分为黄酮类化合物，还含有胡萝卜素、维生素E等。可用于植物奶油、蛋糕、糖果、冰棍、冰淇淋等，颜色鲜艳，味道可口。

7. 可可色素

可可色素是可可豆及其外壳中的褐色色素，为棕色粉末，无臭，有巧克力香味，味微苦。易溶于水及稀乙醇，耐光性、耐热性、耐酸碱及耐还原性均好，对淀粉及蛋白质着染性较好，主要应用于配制酒、饮料、糖果、糕点、饼干、雪糕等，使用量为0.3%~1%，用于饮料时，需静置24小时再过滤。

8. 玫瑰红色素

从玫瑰茄中提取，为天然色素，溶于水、乙醇，遇碱变色，遇碳酸会发生沉淀、褪色，耐热、耐光性好。在pH4时为鲜红色，pH5~6时为橙色，pH7以上为青紫色。对金属离子Fe^{3+}、Cu^{2+}稳定性较差。适用于饮料、糖果、配制酒、果酱、果冻、果汁等，用量为0.1%~0.5%。

9. 天然樱桃红色素

该产品以淀粉质为原料，采用优良菌株，经液体深层通风发酵，提取精制而得。有粉状、液状和胶状三种。易溶于醇和水，比红曲米色素应用范围广泛，具有辣椒红色素的各项优点，且价格低廉。耐酸碱，在低于160℃温度下均可使用，保色期6个月至2年不等。

10. 天然栀子黄色素

天然栀子黄色素用科学方法从芮草科植物栀子的果实中提制而成。为黄褐色流浸膏和黄至橙黄色粉末，易溶于水和酒精。其溶液呈亮黄色，pH对色调无影响。耐酸碱、耐还原性、耐微生物性均好，几乎不受金属离子的影响。对热稳定，120℃加热不褪色。着色力强，着色均匀，色泽鲜艳。可用于食品的染色。

11. 天然胡萝卜素

胡萝卜素广泛存在于动植物中，有三种异构体，在体内酶的催化下均能转化成维生素A。本产品从盐藻中提取，制成水溶性暗红色晶体和油溶液，为三种异构体混合物。天然胡萝卜素能调节人体免疫功能，增强机体抵抗力，延缓细胞衰老，对人类肿瘤有防治作用，并能增强放疗和化疗对肿瘤的疗效。可添加于各种食品中。

12. 高粱色素

高粱色素用乙醇浸提高粱壳，真空浓缩而成。为黑色黏稠状或砖红色无定形粉末，溶于水及稀乙醇溶液。主要成分为芹菜素、槲皮黄苷。水溶液中性时为红棕色，酸性或碱性时为深红棕色。对光稳定，能耐较高温度。可染成咖啡色或巧克力颜色，用于各种食品的着色。使用量为0.04%~0.6%。

13. 姜黄色素

姜黄色素为一种食用天然色素，从植物姜黄中提取。溶于乙醇，不溶于水，在酸性和中性溶液中呈金黄色，在碱性溶液中呈红色。适用于饮料、罐头、糕点等的着色，有健胃、凉血、化瘀的功能。

八、酒类调味料

酒类调味料在烹调中应用很广泛，主要是靠其特殊的化学成分及乙醇和多种氨基酸在加热中所发生的种种变化，使菜肴达到增香、提鲜的目的，用于烹调中的酒类有黄酒、啤酒、白酒、葡萄酒及各种酒糟。

1. 黄酒类

黄酒，又称料酒、老酒、绍酒，是用糯米和黍米为原料，加麦曲和酒药，经发酵直接取得的一种低浓度原汁酒，是我国的特产，已有数千年的历史。

黄酒在烹调中应用普遍，有去腥解腻和味增香作用，这是因为黄酒中的酒精能溶解三甲氨基戊醛等成分并在加热中使之挥发，同时其本身在烹调中氨基酸，能与盐、糖等结合生成氨基酸钠盐和芳香醛，使肉鱼的滋味更加鲜美。

我们常见的黄酒有绍兴加饭酒、龙岩沉缸酒、米甜酒、姜汁酒、北方黄酒（主要有即墨老酒、兰陵美酒和大连黄酒）、香糟、醪糟（醪糟又称酒酿）。

2. 啤酒类

啤酒是一种含酒精很低的饮料酒，营养成分丰富，被人们称为“液体面包”，是近几年被人们广泛应用的酒类调味料。啤酒是由大麦、酒花、啤酒、酵母及淀粉辅助原料酿制而成。酒中含有多种氨基酸和大量的二氧化碳，具有浓郁的香气和滋味。啤酒在烹饪中的应用也较为广泛，如啤酒鸭、啤酒炖羊肉等。常见的啤酒有黄啤酒和黑啤酒，目前我们国内常用的是黄啤酒，著名的品牌有青岛啤酒、雪花啤酒、燕京啤酒等，还有引进的德国黑啤。

3. 白酒类

白酒是由高粱、玉米、大米、小米、薯类等为原料，采用固体发酵，在配料中加入一定的辅料酿制而成。白酒中的主要成分是酒精和水，白酒的酒精成分含量越高，酒度就越高，除酒精和水外，还含有杂醇油、醛类、酯类、羧酸等，根据生产工艺的不同又分为不同的香型和品种。我们常见的有酱香型茅台酒、清香型汾酒、浓香型五粮液酒、浓香型古井贡酒、浓香型洋河大曲等等。白酒在烹调中的应用主要是用来去腥、解腻、增香。

4. 葡萄酒类

葡萄酒是将葡萄酒汁发酵后直接取得的原汁酒，是一种低酒度的酒，它具有色泽艳丽，滋味鲜美的特点，并含有多种维生素、矿物质、糖等营养成分。在西餐制作中，葡萄酒类的应用比较广泛，比如白兰地、红葡萄酒、白葡萄酒，在烹饪中，可以用来去腥、增香等。目前我们国内的葡萄酒品牌有长城、张裕等。

九、其他调料

1. 老汤精粉

老汤即是使用时间较长的酱汤，汤里营养丰富，口味极佳，在烹调上素有“八味加老汤，吃着就是香”的说法。因此，老汤历来就被著名的烹调大师们奉为烹调的镇家之宝。老汤精粉是采用牛肉、猪肉、鸡肉等各类天然原料，经蛋白酶分解，加热水解，微胶囊化封闭等多种生物技术作用，使其分解成小分子蛋白肽、蛋白胨、氨基酸，再经美拉德反应过程，在特定的技术条件下，配合多项单体，加热反应，使其呈现出特定的风味，再经纯化、调和、浓缩、喷雾、干燥等步骤，精制成为天然风味的精品，具有化学合成香精所不可比拟的作用，该产品具有用量少、口感浓厚、纯正天然、回味悠长、风味独特等优点。老汤精粉作为调味料被广泛用于食品中，用于火腿、香肠、肉类罐头等，可赋予肉汁原汤味，强化肉味不足，提升肉品等级，使用量为 0.1%~0.8%。用于方便面汤料为 0.3%~1.5%，用于烹调调味品中为 0.5% 左右，液体调味品，火锅调料 1%~1.5%，一般用量为 0.1%~5%。

2. 水解植物蛋白粉

该品以脱脂大豆为原料，经盐酸水解将蛋白质分解为氨基酸，滤出酸性不溶物后，用氢氧化钠中和成为食盐，分解液经过脱臭虫和脱色过程，制成水解植物蛋白原液，再经调整成分后，制成水解植物蛋白液，最后经浓缩，喷雾干燥而成。为淡黄色粉末，含盐在30%~50%，富含多种氨基酸，肽类化合物，有机酸，以及微量元素、核苷酸等。具有增鲜、增香及赋予食品醇厚味的效果，与味精等调味品混用，有相乘效果，具有淡盐，掩盖异味、异臭的功能，调味时，只有添加少许便能加强美味和口感，提高产品质量。本品性能稳定，不怕高温，不易与其它物质反应。

3. 卤味香料

卤味香料为棕褐色粉末，以八角、油桂等多种天然香辛料加工而成，具有多种香辛料混合之特殊香味。用于卤味产品中，可赋予卤味产品丰满、诱人之特殊香味。为卤味产品最佳的增香剂。还可用于牛肉干、膨化食品、速冻调理食品、盐渍食品等。使用时，可在卤煮时直接添加，对一般食品，直接与其它调味料混合均匀后添加即可。在使用量上可根据生产需要添加，不受限量。

4. 糖味香料

糖味香料为白色结晶性粉末，可溶于水、乙醇、丙三醇、甘油，主要成分为甲基环戊烯醇酮，含量为99%以上。具有持久的焦糖味和水果香气，稀释液呈坚果样甜香味。本品具有保香性及缓和其它香料的性质。可作为香味和甜味的增效剂，对食品香味有改善和增强、增甜作用。广泛应用于糖果、饮料、巧克力、焙烤食品、冰淇淋、调味品及配制香精等。可赋予产品持久香味及甜味感。一般添加量为0.002%左右。根据需要直接添加或与其它原料混合使用。本品使用时避免与铁等金属容器直接接触，以免发生不良反应。

5. 防腐保鲜剂

本品为多种防腐剂科学复配而成。为白色粉末，无味无臭，易溶于水，抗菌能力优于其它防腐剂。对光和热较为稳定，不受其他因素影响，特别在不同 pH 范围内同样有效。即在酸性或微碱性范围内均可使用。对酵母和细菌有广泛的抑菌作用，特别对霉菌和酵母有很强的抑菌能力。应用于中性食品中更为有效、像面条、蛋糕、蛋黄派等面制品。

6. 调味甘甜素

调味甘甜素又称酱油除苦剂，是从天然植物提取甘甜味成分浓缩而成，是一种纯天然、高效、安全、无任何毒副作用的食品添加剂。本品水溶性好，使用方便，具有清除苦味、异味、杂味及矫正产品风味作用。同时使产品达到增香、增鲜、增甜、增泡及改善口感的效果。由于本身有金黄色泽，是良好的着色剂。本品还具有解毒、保健、防病等药理作用。可广泛用于各种酱油、调味酱、调味汁、罐头等调味品中。

7. 酵母精

酵母精也称酵母抽提物。是一种集营养、调味、保健于一体的天然调味品，含有 8 种必需氨基酸、B 族维生素、矿物质，且比例较为合适，容易消化、吸收，有利于人体健康。含有大量的呈味物质，如鸟苷酸、肌苷酸，与谷氨酸的比例恰当，鲜味足，风味浓郁，留香持久。酵母抽提广泛地用于肉类、水产品、膨化食品、快餐食品加工中，起着改善产品风味，增加厚味，提高产品质量和营养价值。

8. 茶叶

茶叶在烹调中的应用也比较常见，比如我们常见的“五香茶叶蛋”“茶叶焖牛肉”“龙井虾仁”“碧螺春饺”“新茶煎牛排”“鸡丝碧螺春”等。这些佳肴都是利用了茶叶所特有的苦味而制成，别具风味。

茶叶的苦味主要是由咖啡碱、茶碱、可可碱所形成，这三种苦味物质还对人的生理功能有一定的作用，如能兴奋神经中枢、促进新陈代谢、解除油腻，帮助消化等作用。茶叶中还含有许多其他成分，如无机盐、氨基酸、维生素、麦角固醇等，这些成分对人体均有一定的防病、抗病、营养保健等功用。

第三章

饮食调味技术

第一节 饮食调味原理与方法

一、饮食调味原理

味是中国饮食的灵魂，“民以食为天，食以味为先”，人们对食物的选择和接受，关键在于味。调味是指运用各种调味原料和有效的调制手段，使调味料之间及调味料与主配料之间相互作用、协调配合，从而赋予菜肴一种新的滋味的过程。调味过程应该遵循以下原理。

1. 味强化原理

一种味加入会使另一种味得到一定程度的增强。这两种味可以是相同的，也可以是不同的，而且同味强化的结果有时会远远大于两种味感的叠加。0.1%GMP 水溶液并无明显鲜味，但加入等量的 1%MSG 水溶液后，则鲜味明显突出，而且大幅度地超过 1%MSG 水溶液原有的鲜度。若再加入少量的琥珀酸或柠檬酸，效果更明显。又如在 100 毫升水中加入 15 克的糖，再加入 17 毫克的盐，会感到甜味比不加盐时要甜。

2. 味掩蔽原理

一种味的加入，而使另一种味的强度减弱，乃至消失。如鲜味、甜味可以掩盖苦味，姜味、葱味可以掩盖腥味等。

3. 味干涉原理

一种味的加入，使另一种味失真。如菠萝或草莓味能使红茶变得苦涩。

4. 味派生原理

两种味的混合，会产生出第三种味，如豆腥味与焦苦味结合，能够产生肉鲜味。

5. 味反应原理

食品的一些物理或化学状态还会使人们的味感发生变化，如食品黏稠度、醇厚度能增强味感，细腻的食品可以美化口感，pH 小于 3 的食品鲜度会下降。这种反应有的是感受现象，原味的成分并未改变。例如：黏度高的食品是由于延长了食品在口腔内的黏着时间，以致舌上的味蕾对滋味的感觉持续时间也被延长，这样当前一口食品的呈味感受尚未消失时，后一口食品又触到味蕾，从而产生一个接近处于连续状态的美味感；醇厚味道是食品中的鲜味成分多，并含有肽类化合物及芳香类物质所形成的，从而可以留下良好感觉的厚味。

6. 溶解扩散原理

溶解是调味过程中最常见的物理现象，呈味物质或溶于水（包括汤汁）或溶于油，是一切味觉产生的基础；即使完全干燥的膨化食品，它们的滋味也必须等人们咀嚼以后溶于唾液才能被感知。在调味工艺中，码味、浸泡、腌渍及长时间的烹饪加热中都涉及扩散作用。

7. 渗透原理

渗透作用的实质与扩散作用颇为相似，只不过扩散现象里，扩散的物质是溶质的分子或微粒，而渗透现象中进行渗透的物质是溶剂分子，即渗透是溶剂分子从低浓度溶液经半透膜向高浓度溶液扩散的过程。在调味过程中，呈味物质通过渗透作用进入原料内部，同时食物原料细胞内部的水分透过细胞膜流出组织表面，这两种作用同时发生，直到平衡为止。

8. 分解原理

烹饪原料和调味品中的某些成分，在热或生物酶的作用下，能发生分解反应生成具有味感（或味觉质量不同）的新物质。例如，动物性原料中的蛋白质，在加热条件下有一部分可发生水解生成氨基酸，能增加菜肴的鲜美滋味；含淀粉丰富的原料，在加热条件下，有一部分会水解生成麦芽糖等低聚糖，可产生甜味；某些瓜果蔬菜在腌渍过程中产生有机酸，使它们产生酸味等。

二、饮食调味方法

饮食调味的手段比较多，在调味方法上，我们根据调味时机来分，可以分为原料加热前的调味，比如在制作一些蒸制、炸制、烤制菜肴时，需要对原料先进行调味；原料加热过程中的调味则是在原料加热时，通过加入调味料来确定菜肴口味，比如在炒制菜肴时，在炒制过程中添加适当的调味料，来使菜肴呈现相应的味道；在原料加热后的调味，我们一般在菜肴中能见到的是各种跟碟的使用，比如在香酥鸡制作完成后，上桌时我们往往会跟碟椒盐，以增加菜肴的风味。

在以上所述的调味方法中，适用于一般菜肴口味的调制，在这里我们重点讲述复合味的调制方法。

1. 复合味

要确定复合调味品的风味特点，必须明确该调味品用于什么样的食品及其使用方法。比如设计一种烧烤汁，它的风味特点是酱油或酱的香气与姜、蒜等辛辣味相配，不掩盖肉的美味，同时将这种美味进一步升华，增加味的厚度，消除肉腥。在此基础上，要尽可能地拓展味的宽度，比如适度增加甜感或特殊风味等，要根据使用对象即肉的种类做出不同选择，还要根据是烤前用还是烤后用在原料上做出调整，如果是烤前使用，则不必在味道的整体配合及其宽度上下工夫，只需着重于加味及消除肉腥即可；如果是烤后用，则必须顾及味的整体效果。

有了整体思路后，剩下的便是调味过程了，调味过程以及味的整体效果主要与所选用的原料有重要的关系，还与原料的搭配即配方和加工工艺有关。调味是非常复杂的过程，它是动态的，随着时间的延长，味还有变化。尽管如此，调味还是有规律可循的，只要了解到味的相加、味的相减、味的相乘、味的相除，就可以在调味过程中根据味的相关作用结合原料的特点，再运用调味公式就会调出各种味汁，再通过实验确定最终的调味配方。

2. 味的增效作用及调味公式

味的增效作用也可称味的突出作用，即民间所说的提味，是将两种以上不同味道的呈味物质，按适当比例混合使用，导致味道突出的调味方法。也就是说，由于使用了某种辅料，尽管用量极少，但能让味道变强或提高味道的表现力。如少量的盐加入鸡汤内，只要比例恰当，鸡汤的鲜味会更加明显。调味中咸味的恰当使用是关键，当糖与盐的比例大于 10∶1 时可提高糖的甜味，反之则味道不光是咸还出现了鲜味。

调味公式：主味（母味）+ 子味 A + 子味 B + 子味 C = 主味（母味）的完美。

3. 味的增幅效应及调味公式

味的增幅效应也称两味的相乘，是将两种以上同一味道物质混合使用导致这种味道进一步加强的调味方式。如姜有一种土腥气，同时又有类似柑橘的芳香，再加上它清爽的刺激味，常被用于提高饮料的清凉感。桂皮与砂糖一同使用，能提高砂糖的甜度。5′ – 肌苷酸与谷氨酸相互作用以产生鲜味的增幅效应。

在烹调中，在提高菜的主味时，可以用多种味的相乘来提高主味。如为了让咸味更加完美，则可以在盐以外加上与盐相吻合的调味料，诸如加味精、鸡精、高汤等，这样主味就可以得到成倍地扩大，从而提高调味效果。

调味公式：主味（母味）× 子味 A × 子味 B = 主味的扩大。

4. 味的抑制效应及调味公式

味的抑制效应又称味的掩盖，是将两种以上味道明显不同的主味物质混合使用，导致各种品味物质的味均减弱的调味方式，即某种原料的存在而明显地减弱了显味强度。

在较咸的汤里放少许黑椒，就能使汤的味道变得圆润，这属于胡椒的抑制效果。如辣椒很辣，在辣椒里加上适量的糖、盐、味精等调味品，不仅缓解了辣味，味道也更丰富。

调味公式：主味 + 子味 A + 主子味 A = 主味完善。

5. 味的转化及调味公式

味的转化又称味的转变，是通过多种不同的呈味物质的混合使用，导致各种呈味物质的本味均发生转变的调味方式。如四川的怪味，是将甜味、咸味、香味、酸味、辣味、鲜味调味品，按相同的比例融合，最后导致什么味也不像，称之怪味。

调味公式：子味 A + 子味 B + 子味 C + 子味 D = 无主味。

总之，烹调之妙在于“有味者使之出，无味者使之入”。调味之调贵在调和。我们要根据调味的原则，针对不同菜肴、不同原料、不同季节，将调味品、调味手段、调味时机巧妙结合有机运用。调和菜肴风味，要合乎时序，注意时令。因为季节气候的变化，人对菜肴的要求也会有改变。在天气炎热的时候，人们往往喜欢口味清淡、颜色雅致的菜肴；在寒冷的季节，则喜欢口味浓厚、颜色较深的菜肴。在调味时，可以在保持风味特色的前提下，根据季节变化，灵活掌握。在烹调中投放调味品和原料要讲求时机和先后顺序。如煮肉不宜过早放盐、烧鱼一般要先放些醋、易出水的馅料要先拌点油、菜肴出锅时放味精等，都是有先后顺序的，颠倒了就达不到应有的调味效果。

味的调制变化无穷，但关键在于“适口”。所谓“物无定味，适口者珍”，其最重要的在于五味调和。所谓“正宗”，只是相对的，不存在绝对的“正宗”，正宗还要以适口为前提。人的口味受着诸多因素的影响，如地理环境、饮食习惯、嗜好偏爱、宗教信仰、性别差异、年龄大小、生理状态、劳动强度等，可谓千差万别，因此菜肴的调味要因人而异，以满足不同人的口味要求。

第二节　饮食调味设计实例

1. 鱼香调味设计实例

（1）设计要求　鱼香味要求咸、酸、甜、辣、鲜、香兼之，葱姜蒜味突出。

（2）选用原料　精盐、泡红辣椒蓉、姜末、葱、酱油、醋、白糖、味精（若用于烹调较高级菜肴应加上料酒；若菜肴原料为鱼、虾、鲜贝之类，应有胡椒末；若用于炸、熘菜肴及腥味较重的原料调味，还应加少量香油）。

（3）制作　用酱油、醋将精盐、白糖、味精及葱末、水淀粉及适量鲜汤调成汁备用。锅内将油烧至六成热时下已码味的原料，稍微翻炒至散后，加入泡辣椒蓉炒香至油呈金红色，再加入姜蒜末和另一半葱，炒出香味，倒入芡汁，收汁亮油起锅。

2. 芥末调味设计实例

（1）设计要求　芥末味要呈现咸、酸、鲜、香、冲、清淡、爽口解腻。

（2）选用原料　精盐、酱油、芥末、味精、醋、香油。

（3）制作　先将芥末粉加入沸水搅匀，密闭静置2小时后即成具有辛香刺鼻的芳香芥末糊。配制中以精盐定味提鲜，酱油辅助，加醋激发冲味和去苦解腻，以突出芥末冲味为佳，进而加入味精。用香油调补酸味和冲味，使芥末味具有特殊的辛香冲味。

3. 糖醋调味设计实例

（1）设计要求　糖醋味应该呈现甜酸并重，回味咸鲜，清爽可口，是常用复合味之一。白糖（甜味）和醋（酸味）是此味的主体。味汁应具有一定稠度，才有良好味感。

（2）选用原料　精盐、白酱油、白糖、醋、香油。

（3）制作　先将精盐、白糖放入酱油、醋中充分溶化，再加入香油调匀即成。（精盐一般用于确定基础的咸味，白酱油辅助并提鲜，在食用时，首先感觉的是甜酸味，咸味在回味时有感觉，才能突出甜酸味的风格。）

第三节 常用味汁的调制配方

一、咸鲜香味汁的调制配方（以主料500克为基准）

1. 蒜香豉汁的调制配方（主要用于蒸、烧）

豆豉泥7克，白糖（糖粉）2克，盐（精盐）3克，鸡粉2克，金银蒜蓉10克

2. 豉香酒汁的调制配方

豆豉25克，郫县豆瓣12克，骨味素2克，盐2克，白糖2克，葱20克，姜12克，蒜12克，香油25克，料酒50克

3. 豉香辣汁的调制配方（主要用于蒸）

豆豉15克，老抽12克，盐2克，醪糟汁15克，泡辣椒5克，姜末0.5克，花椒1.5克，鸡粉2克

4. 豉香复合汁的调制配方（主要用于蒸）

豆豉蓉10克，盐5克，骨味素2克，香醋25克，辣椒油8克，胡椒粉1克，李锦记蒜蓉酱10克，白糖1克，姜8克，葱8克

5. 豉香海鲜汁的调制配方（主要用于炒）

豆豉泥10克，老抽5克，盐2克，蚝油5克，鸡精3克，葱蒜各15克，洋葱10克，白糖5克，料酒5克

6. 豉汁复合味的调制配方（蒸）

永川豆豉10克，美极鲜酱油5克，盐2克，蚝油5克，鸡精3克，葱、姜、蒜、辣椒、香菜各5克，陈皮1克，白糖5克，芝麻酱10克，胡椒粉2克

7. 柱侯豉油汁的调制配方（主要用于烧、煨）

白糖 5 克，豆豉 5 克，金银花 10 克，骨味素 6 克，柱侯酱 15 克，陈皮 2 克，绍酒 3 克，胡椒粉 1 克，干椒丁 4 克，香油 2 克

8. 豆豉香辣汁的调制配方（主要用于炸、熘）

豆豉 15 克，盐 3 克，蒜末 15 克，葱末 10 克，熟花生米末 50 克，老干妈香豉 25 克，麦芽糖 10 克，蒜油 10 克，料酒 5 克，湿淀粉 10 克

二、糖醋汁的调制配方（以主料 500 克为基准）

1. 用于凉菜的糖醋汁调制配方

- 白糖 20 克，米醋 40 克，姜 8 克，香油 7 克，盐 2 克
- 白糖 100 克，香醋 75 克，盐 2 克，菜籽油 50 克，葱、姜、蒜各 25 克，泡辣椒 50 克，花椒粉 2 克
- 白糖 100 克，白醋 50 克，香油 10 克，盐 2 克
- 红糖 50 克，醋 40 克，葱，姜，蒜各 10 克，香油 15 克，盐 2 克，骨味素 1 克，白酱油 8 克
- 白糖 100 克，醋 35 克，酱油 10 克，葱、姜各 10 克，干红辣椒 15 克
- 白糖 75 克，醋 40 克，盐 5 克，酱油 30 克，料酒 10 克，姜 10 克，香油 10 克，干红辣椒 2 克

2. 用于热做冷吃、热做热吃的糖醋汁调制配方

- 白糖 75 克，醋 50 克，酱油 25 克，料酒 25 克，葱、姜各 15 克，熟芝麻 5 克，盐 2 克，骨味素 5 克
- 白糖 200 克，醋 130 克，料酒 20 克，酱油 5 克，盐 2 克，葱、姜、蒜各 10 克，湿淀粉 100 克
- 白糖 200 克，醋 70 克，酱油 5 克，盐 2 克，蒜 20 克，湿淀粉 100 克

• 白糖10克，醋15克，花椒2克，酱油5克，淀粉2克，香油15克

• 白糖60克，醋50克，姜蒜各20克，葱60克，酱油25克，料酒20克，泡辣椒10克，猪油30克，盐6克，骨味素2克

• 白糖80克，醋120克，盐7克，胡椒粉2克，料酒15克，淀粉5克，香油10克，蒜10克，葱5克

• 白糖50克，红醋50克，盐2克，料酒10克，葱、蒜，姜各20克

• 白糖15克，醋15克，料酒5克，酱油10克，盐4克，香油10克，葱、蒜、姜各5克，湿淀粉20克

• 白糖100克，醋15克，番茄酱50克，料酒5克，盐1克，湿淀粉20克

• 白糖25克，醋5克，料酒5克，骨味素1克，胡椒粉4克，葱、姜、蒜各10克，盐5克

• 葡萄糖100克，苹果醋75克，盐2克

• 白糖100克，醋50克，香油15克，干红辣椒2克

• 白糖75克，柠檬汁50克，盐2克，香油15克

• 白糖50克，橙汁75克，盐2克，香油10克

• 白糖50克，白醋20克，柠檬汁50克，红曲粉0.5克，干红椒2克，姜2克

三、五香汁的调制配方（以主料500克为基准）

• 五香粉10克，白糖7克，葱、姜各15克，料酒25克，盐10克，骨味素1克，香油15克，花椒5克

• 五香粉8克，白糖40克，酱油30克，料酒25克，香油25克，葱、姜各15克

• 五香粉8克，白糖5克，葱，姜各10克，甜面酱15克，盐4克，骨味素1克，香油20克

• 五香粉7克，白糖20克，醋10克，酱油30克，料酒15克，盐5克，葱、姜各25克

四、陈皮味汁的调制配方（以主料500克为基准）

- 陈皮15克，白糖15克，花椒4克，葱、姜各10克，盐1克，醪糟汁25克，骨味素1克，料酒25克，香油10克，干辣椒20克
- 陈皮10克，白糖20克，盐4克，干辣椒16克，葱、姜各10克，酱油15克，料酒15克，花椒6克，醋4克，骨味素2克，香油10克
- 陈皮20克，白糖12克，豆豉10克，泡椒15克，葱，姜各12克，料酒10克，骨味素2克，鸡精5克，香油10克
- 陈皮25克，桂林辣酱10克，芝麻酱2克，葱、姜各6克，醋2克，骨味素4克，鸡精4克，香油10克

五、香糟汁的调制配方（以主料500克为基准）

- 香糟汁150克，白糖5克，胡椒粉1克，盐6克，骨味素2克，姜2克，鸡粉6克
- 醪糟汁200克，白糖2克，胡椒粉2克，盐6克，骨味素3克，葱、姜各6克，鸡粉5克
- 香糟卤100克，白糖4克，盐8克，胡椒粉2克，料酒2克，骨味素3克，葱、姜各6克，鸡精5克
- 醪糟汁200克，辣椒酱5克，盐4克，白糖2克，胡椒粉1克，骨味素4克，鸡精4克
- 红糟汁50克，白糖10克，五香粉2克，盐6克，骨味素6克，葱、姜各5克
- 香糟卤20克，白酒（高度）5克，加饭酒10克，白糖10克，泡椒4克，姜5克，骨味素6克，鸡粉4克

六、鱼香味汁的调制配方（以主料500克为基准）

- 泡红辣椒35克，猪油150克，白糖25克，醋20克，盐2克，酱油3克，葱、姜、蒜各25克，湿淀粉30克
- 泡红辣椒45克，蒜、葱、姜各20克，白糖40克，醋30克，酱油10克，

盐2克，料酒15克，骨味素2克，水淀粉30克

● 泡红辣椒15克，蒜、葱、姜各6克，白糖8克，醋10克，酱油5克，盐1克，郫县豆瓣10克，湿淀粉5克

● 泡红辣椒30克，番茄酱20克，醋5克，白糖20克，盐2克，骨味素2克，鸡粉8克，葱、姜、蒜各15克

● 泡红辣椒40克，海鲜酱20克，醋2克，白糖10克，盐2克，骨味素2克，葱、姜、蒜各10克，鸡粉6克

七、麻辣味汁的调制配方（以主料500克为基准）

● 花椒面20克，干红椒面75克，红油辣椒100克，姜末10克，葱段20克，酱油10克，盐5克，料酒15克，白糖15克，骨味素5克，芝麻30克，香油5克

● 花椒5克，干辣椒15克，陈皮5克，姜10克，葱20克，蒜10克，酱油15克，盐2克，料酒10克，醋5克，白糖5克，香油10克，骨味素2克，鸡粉4克

● 花椒5克，郫县豆瓣25克，干辣椒10克，胡椒粉1克，姜末5克，葱花10克，酱油15克，盐4克，料酒5克，骨味素2克，清汤200克，鸡精4克

● 郫县豆瓣25克，辣椒面1克，花椒2克，豆豉5克，料酒5克，酱油8克，盐2克，葱花15克，姜半5克，蒜泥10克

● 郫县豆瓣25克，胡椒粉0.5克，花椒面2克，盐2克，酱油10克，料酒6克，糖6克，醋4克，骨味素2克，葱花4克，姜半3克，蒜泥3克，香油5克

● 红油辣椒20克，花椒面4克，酱油15克，芝麻酱10克，骨味素1克，盐6克

● 辣椒油15克，花椒油10克，酱油25克，料酒5克，白糖20克，骨味素2克，盐2克

● 花椒面0.5克，精盐5克，骨味素2克，料酒25克，葱花5克，香油5克

● 生花椒面3.5克，盐3克，酱油25克，料酒10克，白糖20克，葱段25克，姜片10克，香油10克

● 花椒面15克，辣椒面15克，五香面4克，盐3克，酱油15克，南酒15克，

香油 5 克，骨味素 2 克，白糖 2 克，葱、姜、蒜各 10 克

八、家常味汁的调制配方（以主料 500 克为基准）

- 郫县豆瓣 20 克，盐 3 克，酱油 7 克，骨味素 2 克，胡椒粉 1 克，糖 4 克，料酒 8 克，葱花 10 克，姜末 5 克，青蒜 5 克
- 郫县豆瓣 5 克，盐 5 克，骨味素 1 克，花椒粒 1 克，糖 3 克，生粉 2 克，蒜蓉 4 克，料酒 5 克，鸡粉 2 克
- 泡辣椒 6 克，盐 3 克，骨味素 2 克，糖 2 克，料酒 5 克，鸡油 5 克，葱片 8 克，姜片 2 克，蒜片 4 克
- 酱油 15 克，盐 2 克，骨味素 2 克，泡椒 4 克，姜 2 克，料酒 15 克
- 梅林酱油 16 克，盐 2 克，胡椒粉 3 克，番茄汁 25 克，白糖 8 克，姜 3 克，鸡粉 2 克，骨味素 2 克
- 红油 50 克，椒盐 5 克，骨味素 1 克，盐 1 克，糖粉 2 克，芝麻酱 2.5 克，香油 3 克
- 盐 3 克，酱油 8 克，胡椒面 1.5 克，骨味素 1 克，白糖 3 克，料酒 5 克，鸡油 10 克，葱、姜各 10 克
- 豆豉 50 克，盐 3 克，骨味素 3 克，鸡粉 2 克，郫县豆瓣酱 25 克，白糖 6 克，料酒 30 克，鸡油 10 克，姜 25 克，蒜 25 克，香油 8 克
- 郫县豆瓣 45 克，酱油 10 克，骨味素 2 克，料酒 2 克，葱、姜各 10 克
- 郫县豆瓣 30 克，盐 2 克，酱油 10 克，醋 10 克，糖 25 克，骨味素 1 克，胡椒粉 0.5 克，蒜泥 10 克，葱段 8 克，姜米 3 克，料酒 6 克
- 泡椒末 40 克，酱油 10 克，盐 2 克，郫县豆瓣 10 克，海鲜酱 10 克，葱 10 克，姜 5 克，料酒 10 克，骨味素 5 克，鸡粉 3 克

九、酸辣味汁的调制配方（以主料 500 克为基准）

- 白醋 50 克，芥末 4 克，酱油 20 克，骨味素 1 克
- 白醋 50 克，辣根 20 克，白糖 5 克，骨味素 2 克

- 白醋20克，醋精10克，日本辣根20克，白糖5克，骨味素4克
- 苹果醋30克，醋精10克，日本辣根30克，骨味素2克，胡椒粉1克
- 葡萄酒20克，醋精10克，日本辣根20克，鸡粉4克，葱、姜、油6克

（以上汁用于生吃、鱼片、龙虾、赤贝等）

- 醋10克，辣椒粉2克，花椒油3克，红油15克，白糖3克，大蒜15克，盐5克
- 胡椒粉2克，醋5克，盐5克，骨味素2克，料酒8克，酱油3克，香油4克
- 醋50克，白胡椒面2.5克，盐4克，料酒8克，葱丝15克，姜末5克，姜汁4克
- 醋50克，胡椒粉4克，花椒1克，泡辣椒末25克，盐6克，姜片3克，蒜片7克，料酒15克，骨味素4克
- 醋30克，胡椒粉2克，花椒油10克，酱油20克，料酒10克，盐1克，骨味素2克
- （冷汁）：醋40克，蒜泥25克，酱油50克，香油10克，甜面酱25克，葱、姜丝各10克
- 米醋5克，辣椒油5克，胡椒粉1克，料酒30克，盐5克，葱、姜各15克，骨味素2克，鸡油15克
- （冷汁）：芥末酱25克，辣椒酱20克，醋精5克，酱油30克，白糖15克，熟芝麻10克，香油25克，葱丝40克，蒜末25克，姜末15克
- （冷汁）：干辣椒10克，鲜红辣椒20克，生姜10克，花椒2克，白醋25克，盐5克，白糖30克，香油10克

十、卤汁的调制配方（以主料500克为基准）

1. 卤猪肉、猪蹄的卤汁调制配方

- 大茴香0.5克，花椒0.5克，桂皮1克，鲜姜2克，食盐8克，料酒2.5克，糖色2.5克，老汤750克

- 大葱5克，大蒜1.5克，鲜姜10克，丁香1克，桂皮7.5克，白芷2.5克，小茴香1克，山柰2.5克，大茴香2.5克，酱油45克，大盐7克，绍兴酒5克
- 葱10克，姜10克，蒜10克，白芷、山柰、丁香、八角花椒、桂皮、草蔻、良姜、小茴香、草果、陈皮、肉桂各0.15克，精盐8克，白糖25克，酒1.5克，老汤750克
- 大料0.8克，砂仁1.5克，桂皮1.25克，花椒2.1克，生姜15克，食盐7克，绍兴酒1克，糖色2克，骨味素3克，老汤750克
- 鲜姜10克，大茴香2克，小茴香1.5克，丁香、草果、肉桂、良姜、白芷各0.5克，桂皮、花椒各1克，食盐7.5克，白糖4克，绍酒7.5克，白酒5克
- 丁香0.1克，大茴香2克，小茴香1.25克，花椒2.1克，桂皮2.5克，鲜姜10克，葱25克，精盐5克，酱油45克，白糖17.5克，陈酒15克
- 砂仁面1克，大葱10克，姜10克，红曲20克，白糖10克，盐9克，绍兴酒10克
- 大葱4克，姜4克，大茴香、桂皮、玉果、砂仁、良姜、荜茇、草果、花椒各1克，精盐2克，冰糖3克，酱油40克，黄酒10克，老酒750克
- 大茴香4克，桂皮2克，砂仁2克，黄酒100克，姜20克，老汤700克
- 生姜5克，大茴香3克，花椒3克，山柰3克，良姜3克，丁香3克，小茴香1克，桂皮3克，酱油30克，食盐3.5克，白酒4克，老汤750克
- 花椒0.3克，桂皮0.5克，大茴香0.6克，良姜0.4克，草果、丁香、玉果、荜茇各0.2克，精盐8克，酱油10克，老汤750克
- 生姜7.5克，肉桂1.5克，良姜1克，丁香0.3克，八角2克，荜茇0.8克，白芷0.3克，山柰0.8克，草果1.2克，食盐8克，酱油10克，料酒10克
- 花椒10克，陈皮16克，甘草16克，八角10克，草果10克，丁香1克，桂皮10克，水2000克，酱油88克，食盐10克，白糖44克
- 花椒4克，八角2.5克，桂皮4克，丁香1.5克，草果4克，酱油35克，精盐3克，白糖25克，黄酒6.2克
- 葱8克，姜6克，花椒、大料、桂皮、砂仁、豆蔻、丁香、草果、小茴香各0.5

克，酱油16克，盐5克，骨味素1克，白糖10克，绍酒10克，糖色2克

• 花椒0.75克，大茴香0.75克，桂皮0.5克，丁香、白芷、小茴香各0.5克，草果0.75克，陈皮0.25克，大葱15克，良姜1克，食盐9克，酱油5克，老汤700克

• 大葱1.5克，鲜姜1.5克，花椒1克，八角1.5克，白芷1.25克，桂皮1.25克，酱油40克，白糖10克，精盐3克，绍酒20克，蜂蜜5克

2. 烤肉的调制配方

• 五香粉0.3克，精盐8克，白酱油12克，饴糖0.6克

• 孜然粉3克，辣椒粉5克，精盐6克，辣酱油4克，饴糖5克，鸡粉2克

• 孜然粉2克，香叶粉1克，洋葱粉2克，小茴香粉1克，食盐8克，料酒2克，饴糖2克

3. 熏烤汁的调制配方

• 酱油2克，食盐1克，饴糖2克，黄酒1克，水解蛋白1克，花椒3克，八角2克，桂皮1克，干姜3克，蒜汁2克，烟熏剂4克

• 香叶1克，桂皮1.5克，八角1.5克，小茴香0.5克，花椒1克，丁香0.5克，食盐9克

• 食盐2克，酱油4克，料酒3克，骨味素5克，饴糖3克，增香剂0.02克，八角2克，桂皮1克，花椒1克，豆蔻0.5克，山柰0.5克，丁香0.5克，姜1克，葱2克，蒜3克，烟熏料5克

• 水50克，果糖3克，洋葱粉4克，大蒜粉4克，食盐5克，水解植物蛋白0.3克，芥籽粉2克，罗勒粉1克，丁香粉0.1克，柠檬汁2克，匈牙利椒3克，烟熏料5克

4. 卤牛羊肉类的卤汁调制配方

• 大葱10克，姜5克，蒜25克，花椒粉1克，玉香粉1克，精盐7克，酱油5克

• 胡椒粉、花椒粉各1.5克，生姜10克，混合香料8克（肉桂2克，丁香0.5克，荜茇1克，八角1克，甘草1克，桂子0.5克，山柰2克），食盐8克，白糖5克，白汤5克，香油10克

• 大茴香粉、玉香粉、生姜汁各1克，胡椒粉0.5克，食盐、白糖各37.5克，骨味素0.75克，黄酒2.25克

• 小茴香5克，桂皮1克，肉桂2克，草果2克，小豆蔻1克，干红椒1克，丁香0.5克，孜然0.1克，盐6克，冰糖5克，饴糖2克，酱油15克，黄酒5克

• 孜然2克，干椒1克，花椒3克，姜黄粉4克，黑白胡椒各1克，精盐7克，白糖2克，黄酒4克

5. 卤鸡的卤汁调制配方

• 砂仁0.25克，小豆蔻0.25克，丁香0.25克，草果、陈皮各2克，肉桂、高良姜、白芷各0.3克，荜茇、八角各0.2克，盐7.3克，老汤750克

• 花椒、八角、小茴香各0.5克，山柰、良姜、丁香、白芷、桂皮、陈皮、川椒各0.25克，食盐8克，老汤750克

• 花椒、八角、桂皮各1克，姜0.25克，葱段、酱油5克，盐5克，黄酒24克，水700克

• 八角1克，丁香、肉蔻、荜茇、花椒、砂仁、桂皮各0.5克，姜10克，水750克，酱油15克

• 姜3.3克，小茴香、肉蔻、草果、草蔻、陈皮、花椒各0.7克，砂仁0.1克，丁香0.35克，白芷、桂皮1.7克，八角1.2克，山柰1克，食盐10克，酱油53克，老汤700克

• 生姜2克，丁香、肉桂各2.5克，砂仁、紫蔻、大料、茴香各1克，玉果、白芷各0.5克，酱油30克，精盐2.5克，饴糖10克，口蘑1克，老汤750克

• 葱姜各3.3克，茴香、桂皮、陈皮各1.67克，丁香0.33克，砂仁0.2克，盐2克，酱油40克，白糖3.3克，绍酒2.3克，老汤750克

• 大蒜、鲜姜各6克，茴香、桂皮、陈皮各1.68克，丁香0.33克，砂仁2克，

盐3.3克，酱油20克，白糖10克，老酒700克

• 花椒、小茴香、大葱、鲜姜各3克，食盐8克，糖色5克，香油3克，红曲米5克，水800克

• 花椒、桂皮、大料、草果各2.5克，陈皮、甘草各3克，丁香0.25克，白糖11克，生抽22克，食盐4克

• 甘草5克，花椒6克，干辣椒2个，葱20克，酱油20克，米酒20克，苹果汁10克，水800克

• 干红椒1只，葱20克，酱油25克，米酒10克，冰糖10克，五香粉30克（包成包），水800克

• 八角10克，花椒3克，甘草2克，酱油20克，糖色5克，骨味素5克，鸡粉5克，干红椒1个

• 桂皮2克，草果1克，陈皮1克，姜6克，花椒2克，干红椒1个，米酒10克，酱油20克，甘草1克，小豆蔻2.5克，水800克

十一、卤鸭、酱鸭、烤鸭的调制配方（以主料500克为基准）

• 小茴香2克，盐8.2克，水750克

• 小茴香2克，八角、生姜各1克，粗盐8.9克，水800克

• 桂皮、鲜姜各1克，花椒、陈皮各0.33克，丁香、砂仁各0.7克，酱油10克，盐9克，白糖10.7克，水500克

• 丁香1克，盐5克，酱油20克，黄酒4克，酱色4克

• 姜6.6克，葱、茴香各1.67克，八角、山柰各3.3克，桂皮3克，盐5克，酱油16.6克，冰糖、白糖、料酒各16.6克，水750克

• 大茴香、花椒、陈皮、肉桂、桂皮、排草、灵草、草果共17克，葱、姜少许，精盐10克

• 大葱20克，鲜姜10克，大料1克，陈皮2克，桂皮15克，丁香0.5克，食盐2克，酱油40克，白糖7.5克，黄酒10克

• 大葱20克，鲜姜10克，八角2克，丁香1克，草果2克，桂皮3克，肉桂10

克，食盐 7 克，冰糖 5 克，酱油 30 克，白糖 5 克，黄酒 20 克

- 砂仁 5 克，大葱 3 克，盐 5 克，黄酒 10 克，酱油 20 克
- 桂皮 1.5 克，八角 1.5 克，麦芽糖 10 克，骨味素 8 克
- 五香粉 2 克，蒜 1 克，碎葱白 1 克，豉酱 8 克，香油 1 克，盐 8 克，白糖 2 克，50 度白酒 0.5 克，芝麻酱 1 克，生抽 2 克
- 排草 2 克，香茅草 1 克，辛夷 1 克，肉桂 5 克，丁香 2 克，小茴香 1 克，盐 7 克，冰糖 4 克，水 700 克，黄酒 20 克

十二、最新复合味汁的调制配方（以主料 500 克为基准）

1. 蒜蓉豆豉酱的调制配方

豆豉 50 克，大蒜 40 克，面酱 40 克，芝麻酱 10 克，蚝油 20 克，鲜姜 10 克，鸡粉 6 克，麦芽糖 5 克。

2. 温拌汁的调制配方

酱油 15 克，醋 15 克，芥末油 3 克，香油 5 克，葱油 2 克，辣根 1 克，鸡粉 1 克

3. 西瓜豆豉香的调制配方

豆豉 30 克，西瓜汁 25 克，盐 5 克，生姜 2 克，陈皮 1 克，小茴香 2 克，面酱 2 克，芝麻酱 2 克，鸡粉 5 克

4. 新潮三合油的调制配方

万字酱油 15 克，镇江香醋 8 克，葱香芝麻油 5 克，盐 2 克，鸡粉 5 克

5. 蒜蓉麻汁的调制配方

盐 5 克，米醋 10 克，麻汁 20 克，凉开水 30 克，花生酱 10 克，鸡粉 5 克，骨味素 2 克，蒜泥 20 克

6．新煎封汁的调制配方

李派林喼汁 100 克，生抽 10 克，老抽 5 克，白糖 3 克，盐 3 克，骨味素 3 克，蘑菇精 3 克，香味剂 2 克，清汤 120 克

十三、新潮馅料的调制配方

花椒 2 克，八角 3 克，生姜 1 克，丁香 1 克，肉蔻 1 克，肉桂 2 克，小茴香 1 克，白蔻 2 克，白芷 1 克，陈皮 0.5 克，姜黄 0.5 克，盐 7 克，骨味素 6 克，鸡粉 3 克，冰糖 4 克，水 1000 克

十四、最新蒸鱼汁的调制配方（以主料 500 克为基准）

- 鱼露 50 克，鸡汤 20 克，蚝油 10 克，鸡粉 5 克，胡椒粉 1 克，米酒 2 克，米醋 1 克，骨味素 6 克，白糖 6 克，白糖 2 克，花椒油 5 克
- 海带干贝黄豆汁 50 克，增鲜剂 0.01 克，日本淡口酱油 10 克，花椒醋 2 克，葱姜油 10 克
- 雪芽汁，莼菜汁各 20 克，鸡汤 20 克，味力源 0.02 克，鸡粉 6 克，糖 2 克，味 6 克，葱、姜、花椒油各 10 克
- 鸡汤 150 克，香菜根 20 克，香菜籽 10 克，西芹根 20 克，尖椒 2 个，圆葱 20 克，鱼露 15 克，鸡精 5 克，糖 2 克，盐 6 克，骨味素 4 克

十五、冬季调味汁的调制配方

冬季调味汁从颜色上来说，大都以酱红、浅红、火红或奶白为主；从口味上来说，大都以酱香、浓香、香麻、香辣为主。这里主要介绍儿种从熬制火锅汤料派生出来的“满江红”汁。

1．满江红（A）汁（10 份中号砂锅的调味汁）

调汁原料：牛油 150 克，草果 6 个，小豆蔻 10 个，郫县豆瓣酱（斩细）1 袋，干红椒粉 20 克，姜片 50 克，番茄（丁）200 克，番茄酱 50 克，洋葱 100 克，豆豉

50克（斩细）

调汁兑料：上海辣酱油100克，老汤精料50克，浓缩原汁鸡粉50克，冰糖20克，奶汤5千克

2. 满江红（B）汁（10份铁板/石锅/浇汁的调味汁）

调汁原料：黄油150克，红花（人工养殖）50克，干椒粉50克，胡萝卜（大红）泥100克，番茄酱25克，香叶6片，迷迭香2克，鼠尾草20克，甘牛至10克，生姜20克，黑椒粒15克

调汁兑料：老母鸡汤4500克，白酱油100克，鱼露50克，冰糖25克，原汁鸡粉25克，胡椒粉10克，骨味素20克

3. 满江红（C）汁（10份浇汁菜的调味汁）

调汁原料：鸡油150克，生姜25克，紫草10克，皮萨草10克，小茴香5克，香叶6片，砂仁20克，红花15克

调汁兑料：浓汁鸡汤25克，奶汤2500克，鱼露15克，山珍精5克，骨味素10克

十六、其他调味汁的调制配方

1. 生泡冷菜汁的调制配方

白酱油5克，盐4克，南酒10克，姜末10克，骨味素2克，清汤15克，花椒油10克，鸡精2克

2. 小豉汁的调制配方

豆豉泥15克，老抽5克，盐3克，白糖10克，骨味素5克，文蛤精4克，花生油20克

3. 豉油王汁的调制配方

老抽60克，生抽80克，盐3克，白糖10克，骨味素7克，蘑菇精5克，清汤40克，香油5克

4. 海鲜豉油的调料配方

生抽5克，老抽5克，白糖7克，骨味素2克，胡椒粉2克，（芫荽头、鲮骨、干青椒、葱头炖的汤）100克，骨味素6克，鸡精4克

5. 海鲜豉油的调制配方

美极鲜酱油25克，白糖7克，万字酱油25克，胡椒粉4克，鸡精5克，盐2克，骨味素6克，文蛤精2克

6. 自制小味酱油的调制配方

普通酱油100克，洋葱20克，芫荽10克，干辣椒2个，生姜15克，白糖2克，五香粉1克

7. 香糟汁的调制配方

香糟50克，黄油100克，白糖20克，盐10克，桂花2克，鸡粉5克

8. 香辣豉香酱的调制配方

永川豆豉50克，黄豆酱20克，野山椒10克，蒜蓉15克，李锦记辣酱10克，红糖2克，芝麻酱2克，黄酒4克，香油2克

9. 红烧酱的调制配方

海鲜酱30克，柱侯酱20克，蚝油10克，老抽5克，白糖6克，鸡粉6克，骨味素4克，芝麻酱2克，红曲粉2克，鸡汤50克

10. 红烧汁的调制配方

A：葱结炸（炸过的葱结）2 根，洋葱粉 50 克，芫荽籽 10 克，干姜 2 克，良姜 1 克，沙姜 1 克，黄姜 2 克，千里香 0.5 克，荜茇 2 克，小茴香 1 克，大茴香 0.5 克，水 500 克（以上料包起来煮汤）

B：鱼露 20 克，生抽 10 克，海鲜酱 5 克，排骨酱 5 克，蚝油 5 克，红曲粉 2 克

C：盐 7 克，糖 5 克，骨味素 6 克，鸡粉 6 克，干贝排骨汤 100 克

以上 A、B、C 调和均匀即成

11. 秘制叉烧汁的调制配方

美极鲜酱油 25 克，盐 2 克，黄豆酱 15 克，肉蔻粉 2 克，肉桂粉 1 克，八角粉 2 克，麦芽糖 20 克，南酒 40 克，天然色素 1 克，鸡汤 100 克

12. 红烧牛羊肉调味汁的调制配方

日本万字酱油 25 克，食盐 2 克，天然黄豆酱 15 克，草果粉 2 克，小茴香粉 6 克，肉桂 2 克，花椒粉 1 克，双艳红天然色素 2 克，芝麻酱 4 克，南酒 8 克，骨味素 6 克，鸡粉 6 克，白糖 4 克，牛骨汤 50 克

13. 天甫扣肉汁的调制配方

八角粉 2 克，砂仁粉 2 克，小茴香粉 1 克，丁香粉 1 克，甘草粉 1 克，当归粉 0.5 克，芝麻酱 4 克，海鲜酱 20 克，沙嗲酱 4 克，南酒 5 克，葱段、姜片各 10 克

14. 宫保味汁的调制配方

干辣椒丁 15 克，甜面酱 10 克，沙嗲酱 5 克，米醋 2 克，姜汁 4 克，骨味素 6 克，鸡粉 3 克，黄酒 4 克，香油 3 克

15. 红烧鱼汁的调制配方

双葱酱油（自制酱油）50 克，糖 2 克，八角粉 4 克，香叶粉 2 克，芫荽粉 3 克，

洋葱粉2克，甜面酱5克，豆酱5克，米醋3克，胡椒粉2克，骨味素6克，鸡粉4克，骨汤100克，红曲米汤2克

16. 新潮焗汁的调制配方

淮盐25克，沙姜粉50克，胡椒粉10克，麦芽酚5克，姜黄20克，骨味素10克，白糖5克

17. 腌鱼汁的调制配方

生抽50克，盐2克，黄酒20克，姜汁30克，鱼露10克，白糖4克，骨味素6克，高汤10克

18. 烧烤汁的调制配方

洋葱粉4克，丁香粉1克，麦芽糖10克，生抽25克，小白蔻粉2克，花生油15克，浓汤30克

19. 嗜嗜酱的调制配方

大豆酱50克，盐2克，蒜蓉30克，白糖4克，芝麻酱2克，干贝20克，干海米蓉20克，海鲜酱5克，虾仁酱2克，料酒4克，骨味素6克，文蛤精6克

20. 美极味甫汁的调制配方

盐2克，干酱油粉15克，黄油5克，白糖2克，香叶粉4克，洋葱粉2克，芫荽粉4克，胡椒粉1克，鸡汤100克

21. 冯氏调味粉的调制配方

盐2克，骨味素6克，鸡精6克，蘑菇精8克，麦芽酚1克，卤香粉2克，麦芽糖2克，胡椒粉2克，香油4克

22. 炸猪排汁的调制配方

盐 7 克，香草粉 1 克，八角粉 3 克，洋葱粉 4 克，大蒜粉 2 克，玉米粉 6 克，骨味素 6 克，鸡粉 2 克

23. 自制 XO 酱的调制配方

虾干粒 150 克，金华火腿末 150 克，江瑶柱末 25 克，虾子 15 克，大地鱼米 15 克，咸鱼粒 30 克，野山椒 10 克，辣椒粉 2 克，蒜末 10 克，干葱末 10 克，糖 5 克，鸡精 4 克，骨味素 6 克，生抽 30 克，肉酱 50 克，花生油 50 克

第四章

港粤调味技术

一、港粤基本调味技术

1. 红乳麻酱料

配方 芝麻酱200克，香油50克，花椒5~6粒，虾油70克，红酱油40克，红辣椒油30克，骨味素8克，香菜末、京葱末各200克

制法 在芝麻酱中加入100克冷水，将其调成糊状。另将香油浇热，放花椒炸至焦褐色后捞出，使之成为花椒麻油。然后将它倒入芝麻酱糊中，再加入虾油、红酱油、红辣椒油、骨味素、香菜末、京葱末，调匀即成。

特点 色呈淡红褐，香味浓郁，鲜咸微辣，口感黏滑醇厚，含有咀嚼料头。

2. 沙茶甜酱料

配方 红酱油100克，白糖50克，椒盐花生米250克，沙茶酱300克，红辣椒油50克，鸡精15克，骨味素10克

制法 在红酱油中加入白砂糖，烧热调匀成甜酱油。另将花生米碾成粉末状，取一半加入甜酱油中，再加沙茶酱、红辣椒油、鸡精、骨味素，调匀即可。

特点 色呈淡红，香甜鲜咸，同味微辣，口感稠厚而不腻。

3. 豆瓣辣酱料

配方 花椒50克，干辣椒20只，熟生油200克，香油100克，四川豆瓣辣酱200克，红酱油150克，黄酒75克，骨味素25克

制法 先将花椒、干辣椒入锅用小火翻炒，至辣椒酥脆时盛出，碾成双椒面，再加熟生油拌匀成双椒油面。另将香油烧热，加豆瓣辣酱煸香，然后加红酱油、黄酒、骨味素、再倒入双椒油面，调匀即成。

特点 色泽红亮，鲜咸带辣，刺激性强，椒香、油香、酱香浑为一体，开胃消食、齿颊留香。

4. 露虾油汤料

配方 肉汁汤400克，露虾油100克，鲜酱油125克，黄酒75克，香油100克，芫荽子粉5克，白胡椒粉25克，文蛤精10克，骨味素15克

制法 将所有的调料放在一起，调匀即成。

特点 色泽淡红，呈半透明状，鲜香清淡，衬托出主料的自然鲜味。

5. 虾子油汤料

配方 虾子酱油350克，肉汁汤400克，香油125克，姜末50克，白胡椒粉15克，黄酒75克，文蛤精15克，骨味素12克

制法 将所有的调料放在一起，调匀即成。

特点 色泽淡红，虾鲜浓醇，鲜香清淡，衬托出主料的自然滋味。

6. 蚝油鲜汁料

配方 李锦记蚝油200克，鲜酱油150克，葱姜末、香菜末各75克，白糖50克，黄酒100克，白胡椒粉25克，肉汁汤300克，鸡精、骨味素各10克

制法 将所有的调料放在一起，调匀即成。

特点 色泽淡红，飘浮绿黄两色，鲜咸去甜，能弥补主料滋味之不足。

7. 三合油汤料

配方 米醋150克，红酱油100克，香油75克，肉汁汤200克，蒜泥末、京葱末各50克，骨味素15克

制法 将上述调味品一起放入容器中调匀，即可拌入冷菜中或分装小碟供佐食冷菜。

特点 色泽酱红，香咸酸（微）辣，能对原料提鲜助味，是常用冷菜复合味之一。

8. 香醋甜姜料

配方 镇江香醋150克，绵白糖100克，香糟卤50克，姜末120克，鸡精25克，盐20克

制法 将所有的调料放在一起，调匀即成。

特点 色泽黑红，酸甜咸（微）辣，可去腥助鲜，具有很好的调味效果。

9. 香油蒜泥料

配方 小磨香油 100 克，大蒜泥 75 克，红酱油 50 克，肉汁汤 200 克，盐、骨味素各 10 克

制法 在大蒜泥中加入香油煸炒，至蒜泥呈黄色后，加入其他调料，调匀即成。

特点 色泽淡红，浓香扑鼻，咸鲜辣味平衡，爽口而不腻。

10. 辣酱油蒜料

配方 香油 75 克，蒜泥 50 克，黄酒 25 克，辣酱油 150 克，白砂糖 30 克，胡椒粉 10 克

制法 将香油与蒜泥一起放入锅中炒至香黄，离火后稍晾，即加入黄酒、辣酱油、白砂糖、胡椒粉，调至均匀即可。

特点 色泽淡红，香辣咸甜，能丰富菜肴原料的滋味层次。

11. 甜面酱油料

配方 甜面酱200克，香油100克，白砂糖50克，肉汁汤200克，盐、骨味素各10克

制法 将甜面酱放入香油中，熬至香味散出后，再加白砂糖、肉汁汤、盐、骨味素，调至细腻黏稠即可。

特点 色泽酱红，香甜鲜咸。稠黏细腻，浓厚而不腻口。

12. 椒麻葱酱料

配方 香葱 100 克，花椒 75 克，盐 15 克，酱油、香油各 100 克，肉汁汤 125 克，鸡精、骨味素各 15 克

制法 将香葱、花椒、细盐一起剁成细末，再加入酱油、香油、肉汁汤、鸡精、骨味素，调匀即可。

特点 色泽清淡，香味浓郁，鲜咸爽口，食后满口余香。

13. 鲜菇红酒料

配方 鲜蘑菇100克，胡萝卜20克，洋葱头15克，大蒜头10克，精制油50克，红葡萄酒200克，辣酱油75克，番茄汁50克，胡椒粉15克，精盐10克，白糖15克

制法 先将蘑菇切成碎粒，再将胡萝卜、洋葱头、大蒜头均切碎成泥。然后在锅中加入精制油烧热，再投入碎泥煸香，再加入蘑菇粒炒匀。接着放红葡萄酒及余下的调料，以小火略烧10分钟左右即成。

特点 色泽玫瑰红，酒香、调料香诱人，味鲜香微有酸辣，滋味醇和，适用于禽、肉类及内脏配方拌和或蘸食。

14. 茄汁醋葱料

配方 鲜番茄350克，洋葱120克，大蒜头15克，鲜姜10克，泡红椒5克，香菜50克，精盐10克，白糖25克，镇江香醋150克，骨味素15克，胡椒粉8克

制法 将番茄去皮，与洋葱、大蒜头、姜、泡红椒、香菜一起剁成细蓉。然后加入其余调料，调匀成薄糊状即成。

特点 酸香、酸辣、微带鲜咸，色泽暗红，适用于拌、涮菜及生食鲜虾、鱼、蔬菜。

15. 薄荷酸辣料

配方 薄荷嫩叶150克，洋葱15克，泡红辣椒10克，上海香醋45克，骨味素5克，鸡精3克，胡椒粉5克，凉开水50克

制法 将薄荷叶洗净切碎成细粒，将洋葱、泡红辣椒也切成细末。然后加入调料与凉开水，一起调至成薄糊状即可。

特点 色泽翠绿，滋味清凉，酸辣鲜咸。既可解暑开胃，又可爽口怡神，适宜凉拌荤素菜肴及凉拌面。

16. 熟蛋油酱料

配方 熟鸡蛋黄50克，芥末酱15克，色拉油75克，白醋100克，绵白糖20克，精盐10克，鸡精7克，白胡椒粉4克，白脱油45克，凉开水400克

制法 将熟鸡蛋黄用刀压成细末，加入除白脱油之外的所有调料搅匀。再将白脱油溶化后也倒入，并加凉开水，再次用力搅匀即可。

特点 色泽嫩黄，浓香飘溢，酸鲜咸甜微辣，油而不腻，滑润可口，适宜冷拌荤菜或生食鲜活水产品、蔬菜等。

17. 西柠葡汁料

配方 大蒜头50克，姜35克，葡萄干80克，红葡萄酒75克，西柠檬汁125克，鸡精20克，精盐5克

制法 将大蒜头、姜、葡萄干和红葡萄酒一起放入粉碎机中高速粉碎，使呈糊状，再调入西柠檬汁、鸡精、精盐，调匀成汁即可。

特点 色泽黄绿，酸甜辣带鲜咸味，具有西式调味风格，可供拌食生熟食品或蘸食佐餐。

18. 粉红奶油料

配方 白脱油75克，白面粉50克，原汁鸡汤200克，鲜奶油50克，三花牌淡奶100克，红辣椒粉2克，红玫瑰色素2~3滴，柠檬汁15克，鸡精15克，精盐7克

制法 先将白脱油在净锅内烧热，放入白面粉炒至粉熟味香成为油面，再将原汁鸡汤烧开，加入鲜奶油、淡奶、红辣椒粉、色素，调匀后再将油面投入搅散，使汤、奶、油互溶。再加入柠檬汁、鸡精、精盐，搅匀成薄糊状即可。

特点 色泽粉红艳丽，鲜酸、辣香、味浓，口感滑润，适宜鲜活水产品生食蘸食或拌生食蔬菜，颇有西餐风味。

19. 火锅酱乳料

配方 精制油500克，洋葱150克，南乳汁350克，小磨香油100克，二汤250克，花生酱400克，芝麻酱200克，海鲜酱400克，沙茶酱320克，白乳腐375克，油咖喱120克，红辣椒油100克，生姜粉、芫荽籽粉各25克，绵白糖125克，鸡精50克，上汤1000克，香菜末300克

制法 在精制油中加入洋葱，熬熟后捞除焦葱，待冷却后倒入容器中。另将南乳汁、香油、二汤、花生酱、芝麻酱放在一起调匀，然后倒入刚才的容器中。再把其余调料逐一放入精制油容器中调拌均匀，最后放入香菜末搅匀即成。

特点 色泽淡酱红，香味浓郁，滋味浓厚，卤汁黏稠，适宜蘸食、涮、氽菜肴，可去腥增香。

20. 奇妙酸辣料

配方 卡夫奇妙酱（沙律酱）125克，芥末糊（酱）40克，草莓酱50克，盐3克，鸡精4克，鲜辣粉4克，香油3克，芫荽籽粉1.5克，二汤适量

制法 将鸡精用少量热汤水溶化后，再与其他调料充分搅匀即可。

特点 色泽淡橘红，味香酸辣带鲜咸，属于中和型复合味，适用于冷拌菜的调味，也适宜于炸、煎、烤类菜肴蘸食佐餐，以及涮锅（火锅）类菜肴蘸食佐餐，如奇妙酸辣肚、酸辣沙律蛤、芝麻炸鱼排等。

21. 潮州卤水料

①蒜椒红卤水

配方 蒜泥100克，泡红辣椒50克，花椒25克，大茴香、桂皮各20克，香叶5片，丁香5克，黄酒80克，大曲酒25克，生抽王500克，蚝油150克，鱼露120克，盐75克，骨味素75克，清水1000克

制法 先将蒜泥、泡椒、花椒、大茴香、桂皮、香叶、丁香装入纱布袋中，扎紧，放入清水锅中煮开，转用小火烧1~1.5小时，再加入调料烧开，转

用微火烧15分钟，制成潮州卤水（注：卤水应反复使用，每次加料使用成为老卤）。

特点 浓香诱人，味鲜咸微辣，色泽淡红，适用于一切禽畜类原料、豆制品及笋类，潮州卤水笋、蒜香潮卤（鸡）翅。

②五香白卤水

配方 葱结75克，姜片150克，大茴香65克，小茴香50克，草果5枚，沙姜片55克，花椒30克，桂皮25克，香叶5片，大曲酒30克，鱼露55克，虾油15克，盐180克，骨味素50克，白糖20克（最好用冰糖），清水1000克

制法 先将香料都放入纱布袋中，再加入清水煮开，改小火煮2小时，然后加入调料烧开即可。

特点 色泽白亮，五香馥郁，清香、鲜咸微甜，滋味和醇，适用于禽、畜、虾及内脏、鲜蔬类菜肴，如白汁卤掌翼、潮卤白汁虾、潮卤汁毛豆等。

二、港粤热菜的调味技术

1. 西汁

配方 鲜番茄片2500克，洋葱（圆葱）片500克，胡萝卜块500克，芹菜段500克，香菜段250克，葱条25克，捶裂的生姜（或改用生姜粉，为鲜姜用量的20%）、蒜肉各25克，花生油50克，牛肉上汤1500克，精盐100克，骨味素200克，白糖160克，番茄汁250克，李派林喼汁300克，食用红色素微量

制法 先将花生油放在净锅中烧热，投入鲜番茄片、洋葱片、胡萝卜块、芹菜段、香菜段、葱条、姜块、蒜肉，煸炒出香味，再转入瓦盆内，牛肉原汤汁，再加入精盐、骨味素、白糖、番茄汁喼汁、果子汁及食用色素调匀，即成西汁卤。

特点 色泽茄红鲜艳，香味丰富浓郁，滋味酸甜咸鲜，口感黏稠滑润。适宜西

汁焗乳鸽、西汁果肉脯等烧、焗、脆熘调方法制作的菜式。

2. 果汁

配方 茄汁500克，李派林喼汁500克，白糖100克，骨味素10克，鸡精5克，精盐1.6克，淡汤500克

制法 将上述调料和汤水放在锅中搅匀并烧开，使充分溶解调和后即成果汁。

特点 色泽暗红，酸香诱人，鲜甜咸醇，开胃可口，适宜果汁煎软鸭、果汁煎猪排、果汁煎肉脯、果汁炸鱼块等菜式。

3. 芡汤

配方 上汤500克，精盐25克，骨味素35克，鸡精5克，白糖5克，胡椒粉，香油各适量

制法 将上述调料和上汤都放在净锅中略作加热，至溶解后调匀即可。

特点 鲜咸和醇，洁白清澄，适用于需要透明的鲜咸味卤汁，以使主料上光，增加鲜咸滋味的菜品。一般用于滑炒、软熘等烹调方法，适宜翡翠牛蛙、白汁海鲜卷等菜式。

4. 葡（汁）酱

①港式葡汁

配方 牛油400克，淡奶420克，张裕红葡萄汁200克，椰酱450克，油咖喱75克，吉士粉25克，花生酱100克，精盐20克，白糖35克，骨味素30克，鸡精10克，二汤2000克，面粉250克

制法 先将牛油放在净锅中烧熔，再将面粉徐徐撒入，边撒边炒，炒至金黄色，散发出香味后盛出（即为“油面酱”）。再将花生酱和吉士粉一起用200克二汤调稀，然后把二汤放在净锅中，加入油咖喱、盐、骨味素、鸡精烧开，再加淡奶、椰酱、糖，烧至将沸，调入花生酱（吉士粉）、油面酱，搅拌均匀，成为糊状的葡汁复合半成制品酱。

特点 色泽奶黄，香味浓郁而丰富，滋味鲜咸和醇，回味微辣，口感细腻滑润。适宜葡汁焗鸡、葡汁忌司焗虾等菜肴（使用时再用二汤调稀后拌和或淋浇于配方上再焗）。

②海派葡汁

配方 葱结50克，姜片15克，大蒜子10克，白胡椒粉4克，香叶2片，玉果粉3克，盐3克，糖4克，鸡精10克，骨味素5克，二汤1000克，张裕红葡萄汁150克

制法 将葱、姜、蒜（拍碎）用少量油煸香，加入二汤烧开，再加入香叶、玉果粉、盐、糖烧开，焐30分钟，再加入白胡椒粉、鸡精、骨味素、红葡萄汁烧开即可。

对于长时间烧、焖、煨的菜肴，红葡萄汁要在原料成熟、即将出锅时放入。面对蒸的菜肴，应用保鲜膜或桑皮纸（耐潮）密封后再蒸。

特点 色泽粉红，葡萄味香馥郁，鲜咸微甜，滋味醇和。适宜禽畜类原料和野味，如葡汁焗乳鸽、葡汁软煎鸡、葡汁果子狸等。

5. 川汁酱

配方 辣椒酱1000克，番茄酱500克，红泡椒末400克，白糖450克，OK汁250克，李派林喼汁30克，花生酱150克，二汤75克，干葱末250克，大蒜蓉120克，鸡精20克

制法 先用二汤、喼汁将花生酱调稀调匀，再将所有的调味料全部调和均匀，即成川汁酱复合味。

特点 色泽玫瑰红，滋香辣咸鲜微酸甜。适宜滑炒、煎、脆熘烹调方法制作的禽、畜、鱼、虾类菜肴，如川汁牛蛙、川汁软煎鱼等。

6. 豆豉酱

配方 豆豉500克，海鲜酱125克，大蒜蓉200克，葱白125克，洋葱粒100克，鲜姜末150克，鲜青红尖辣椒60克，陈皮粒25克，芫荽籽粉5克，精

盐 3 克，白糖 50 克，骨味素 20 克，鱼露 15 克，美极鲜酱油 5 克，蚝油 100 克，植物油 280 克

制法 将豆豉用双刀剁成芝麻形碎末（不可用绞肉机绞成泥状，以免不易煸炒松散），将 150 克油以中小火煸炒至干香蓬松后待用。另用净锅将 130 克油烧热，将蒜、姜、葱炸香后盛出，再把其他香味原料倒入油中煸炒至香，然后倒入豆豉蓉和姜、蒜、葱同炒，并边炒边加酒、鱼露、海鲜酱、蚝油、精盐、糖、骨味素、美极汁和芫荽籽粉，用中小火炒匀炒香成厚酱状。盛出后为保持香味，应用油盖面隔离空气。

特点 色泽黑亮，稠厚如干酱，有颗粒感；豉香浓郁，又有诸多香味料聚合，层次丰富；鲜咸而微辣，味厚而醇美，适用于凉拌菜或拌和于原料表面蒸制菜肴，如豉汁蒸肉排、豉汁鲜带子、豉汁拌肚丁等，有明显的提鲜、增香、去腥、添口感、丰富风味特色之功效。

7. 金沙料

①粤式金沙料

配方 大蒜末 250 克，苏打咸饼干 50 克，腰果、去皮花生（或单取一样）各 25 克，白芝麻 10 克，鸡精 5 克，盐 2.5 克，白胡椒粉 3 克，鲜辣粉 1 克

制法 将大蒜末用清水捞一下，取出后沥干，将苏打饼干碾碎至比芝麻粒略大的颗粒。将大蒜末和苏打饼干粒分别用三成热和六成热的油温炸至金黄香松，并用细筛过滤沥出。将采取腰果、花生分别用三四成热油炸至淡黄香脆，捞出后冷却，再碾成细粒。将白芝麻用中小火炒香。把上述原辅料、（切成颗粒状）以及鲜咸味调料全部搅拌均匀，即成为金沙料，冷却后放入瓶中密封以防止失香、受潮。待主料经椒盐干炸后，盛入金沙料翻炒均匀，装盆后使主料有一部分能藏匿在金沙料中。

特点 色泽金黄，蒜香、油炸之干香扑鼻，鲜咸而微有香辣回味，口感松脆，食后齿颊留香，可用于避风塘火炒蟹、避风塘草虾、金沙滩紫茄、金沙目鱼卷等菜肴。

②港式避风塘料

配方 大蒜蓉200克，红葱蓉80克，干辣椒末15克，鲜红辣椒粒25克，精盐3.5克，鸡精7克，白胡椒粉2克

制法 将大蒜蓉用清水过一下，取出后沥干，用三四成热的油氽至金黄香松，并过滤除去粉渣。再将干葱、干椒和鲜椒均在适当的油温下炸至香松，并沥尽油水，然后和炸蒜蓉一起拌入鲜咸味调味品即可。凉透后再密封保管。

特点 色泽金黄，含有辣椒之鲜红色颗粒。蒜香、干葱香香味诱人，滋味香鲜、香辣，质地略松脆而嚼后绵糯，回味不绝，适用于避风塘类菜肴、虾蟹类品种。

③港式金沙料

配方 大蒜蓉180克，红葱蓉100克，红辣椒粒50克，鲜椰蓉或椰丝20克，阳江豆豉30克，五香粉、鲜辣粉各2克，白芝麻75克，日式面包糠200克，精盐3克，鸡精5克

制法 将蒜蓉、红葱蓉、红椒粒、鲜椰蓉、豆豉（斩成碎粒）、白芝麻、面包糠等分别炸至香、黄、松、略脆后，趁热拌入鲜咸辣调味料即可。

特点 各种炸料之油炸工艺及油温掌握均同前述。

8. 芹柠汁

配方 药芹梗细丝150克，柠檬果肉丝120克，葱白丝70克，嫩姜丝50克，上海酱瓜丝80克，盐30克，鸡精40克，文蛤精15克，美美椒10克，吉士粉20克，上汤1500~1800克，鸡油200克

制法 采用落汤烧技法，先放入药芹丝、葱姜丝及调料、汤水，烧开后放入柠檬丝、酱瓜丝、美美椒，勾琉璃芡，淋入鸡油即可。

特点 绿、黄、白、褐，色泽美观，丝丝精细；卤汁略黏稠，明亮微黄，芹香、柠香浓郁清雅，沁人心脾，滋味鲜美，稍有微辣。属于和顺型复合味。适用于滑炒、滑熘、烩、氽、炖、蒸类菜肴，如五彩龙凤羹、芹柠龙虾柳、芹柠蒸石斑鱼等。

9. 西柠汁

配方 白醋600克，白糖700克，瓶装西柠汁300克（或用鲜柠檬榨原汁代替），盐适量，吉士粉50克（掺入水淀粉中勾芡用，增加卤汁的黄色和类似水果、奶油般的特殊甜香味）

制法 把白醋放入锅中加热，同时加糖使之溶化，再加盐和西柠汁，烧至将沸时，把掺有吉士粉的水淀粉淋入卤汁中搅匀，使卤汁略微稠黏，如粥汤般即可，淋浇在炸煎类菜肴上。

特点 具有柠檬特有的酸香、果香以及奶油般甜香，特点诱人食欲，甜酸适口，微带咸鲜，色泽嫩黄鲜艳，卤汁略微稠粘，使菜肴滋味浓郁，适应于西柠煎软鸡、西柠熘魔芋等菜肴。

10. 酸葱汁

配方 洋葱粒35克，姜末3克，番茄酱50克，酸梅汁（或用山楂酱代）15克，广东喼汁2克，鲜菠萝粒（或瓶装菠萝粒）20克，白糖30克，胃味素6克，香油4克，鲜汤40克

制法 用少量油烧热，煸洋葱粒、姜末起香，再煸番茄酱出红油，然后把鲜汤倒入，再投入其他调料，调和均匀即成。菠萝粒不宜多加热，以防止香味散失，产生糜烂现象。

特点 色泽橘红含黄、白、葱香扑鼻，酸味带鲜咸，微有甜味。属于浓厚型调味品，适用于腥臊异味较多的原料或者本身乏味而要求丰富滋味的原料，如有喼汁金钱牛肉、酸葱焖野兔等。

11. 椒香汁

配方 五香粉2克，芫荽籽粉3克，花椒3克，白胡椒粉4克，橙红食用色素微量，香叶2片，葱8克，姜3片，盐3克，胃味素4克，生抽王7克，二汤10克，油少许

制法 将葱、姜用少量油煸香后，加二汤和香叶烧开，改中小火略烧25分钟，

即有香味溢出，捞出葱、姜、香叶，再加入其他调料烧开，即成为椒香汁。

特点 色泽淡红，香味浓郁，鲜咸微辣，属中和型复合味，适用于有些腥臊异味的动物性原料和野味，能有效地去增香，对滋味寡淡的原料也是一款很适宜选择的复合味。在使用方法上，也可作为原料在挂糊主浆之前的腌渍调料，作为炸、蒸、烤类烹调方法制作菜肴的加热前调味料。如：椒香汁（脆皮）豆腐、椒香牛柳、椒香烤肉排等。

12. 豉香汁

配方 豆豉（斩末）300克，蒜泥110克，姜末93克（或改用生姜粉，按鲜姜用量的20%），汤水1200克，草菇老抽150克，白糖75克，鸡精8克，胃味素4克，黑胡椒粉4克，洋葱油（用600克洋葱切碎放在1200克油中以中小火加热45分钟，使葱枯油含浓香后捞除枯葱即可）20克，香菜末200克，水淀粉200克，植物油20克

制法 先将植物油熬热，煸炒豆豉末、蒜泥至香，再放汤水和姜末，然后加入老抽，白糖、胃味素、黑胡椒粉，烧开即勾芡，使卤汁略有黏性，再撒入香菜末，淋入洋葱油即可。

特点 色淡黑，缀以姜末黄、香菜末绿，豉香、洋葱香清香扑鼻，味鲜咸和醇，回味微辣，适宜豉香青口贝（一种海鲜贝类）、豉汁牛仔粒等菜肴。

13. 泰香汁（适用于1000~1500克主料）

配方 香茅2~3支，生姜3~4片，芫荽12克，芫荽籽粉4克，青柠檬汁20克，蒜蓉酱10克，泰国甜辣椒酱25克，鱼露15克，精盐3克，鲜汤1500~2000克，鸡精、文蛤精各5克，美美椒3克，小磨香油25克

制法 将青柠檬汁、蒜蓉酱、泰国甜辣椒酱、文蛤精、美美椒和鱼露加适量鲜汤调匀成稠酱待用。把鲜汤放入锅中，加入芫荽、芫荽籽粉、香茅（洗净斩段）、姜片煲滚，放入原料烧至将沸，改用小火慢慢焐熟（视原料大小、质地老嫩面掌握加热时间），然后捞出，原汤可以继续保存留用（在

保管过程中，必须防止生水、杂物误入，以避免变质）。将用香茅卤水煮熟的配方改刀后，随青柠檬汁稠酱上桌蘸食。

特点 香味浓郁，别具一格，滋味鲜姜带辣，色彩配合美观，具有异国特殊风味，适用于禽畜肉或内脏等荤料及豆腐、禽畜血的烹调。

注意事项 如没有青柠檬，可用普通柠檬加日本青（绿）芥末调和替代，也可得到泰香汁。

14. 豉油汁

①港式豉油汁

配方 李锦记牌豉油鸡汁25克，美极鲜酱油3克，特级生抽12克，精盐1.5克，姜葱汁（净素菜不用，改用蒜泥）5克，鸡精3克，骨味素2.5克，二汤225克，白胡椒粉1克，水淀粉18克，精制油35克

制法 将原料煸炒后采用落汤烧工艺，将所有调料投入汤中烧开，勾琉璃芡，批油上光即可。

特点 色泽明亮，豉油、鸡味香味浓郁，鲜味醇厚，属于鲜咸味清淡型复合味，能保留配方本色，衬托和丰富配方固有的鲜味和香味。适用于没有腥臊异味、咸菜要求清淡新鲜的原料，如鲜禽、鲜鱼虾、鲜蔬果等。菜实例有：菊香百花鸽、油泡鲜虾丸、龙凤烩冬蓉等。

②粤式豉油汁

配方 生抽王100克，草菇老抽30克，白糖50克，花椒3克，八角4克，桂皮4克，陈皮5克，甘草6克，香叶1克，葱结2只，姜3片，骨味素3克，二汤400克

制法 将上述调料（骨味素除外）与二汤都放入汤煲中，用中火煮开，改微火慢焐，约1小时后待香味溢出即成为豉油汁卤汤。再将原料洗净后（如用荤料，必须焯水去腥污血水）放入卤汤中，加入骨味素，用大火烧开，再改用微火浸焐至熟（一般禽类约20分钟）。

特点 色泽金红、料香飘逸，鲜咸微甜，属中和型复合味，适用于禽畜、野味

和本身缺乏香味的原料，如豉油焗童鸡、豉油焗乳鸽、豉油豆腐煲、豉油野兔肉等。

15. 豉蚝汁

配方 豆豉（斩成末或磨成泥）300克，蚝油110克，大蒜末95克，泡红辣椒末75克，陈皮末40克（陈皮粉10克），老抽165克，张裕红葡萄汁50克，白精75克，生抽王110克，姜丝、香菜枝叶各少许，鲜汤适量

制法 先将75克生油熬热，下蒜末，豆豉泥、陈皮末、泡红辣椒末煸香，加鲜汤、老抽、白糖、蚝油、骨味素，烧开离火，待冷却后再加红葡萄汁，成为混汁的薄芡卤。把所需的要拌渍的原料放入拌匀，上笼蒸熟，然后把泡红辣椒细丝和姜丝放在原料当中，另将余下的生油熬热，直至冒青烟，趁热浇在原料表面的泡椒丝和姜丝上，再把香菜围在菜肴四周。

特点 豉香突出，豉、蚝鲜味鲜明，色泽淡黑，鲜咸和醇，微有回味之轻辣，适用于豉蚝蒸河鳗、豉蚝水鱼煲等菜肴。

16. 鲜皇汁

配方 虾油卤75克，喼汁110克，生抽130克，鱼露60克，小磨香油20克，鲜汤90克，葱丝、姜丝、大蒜头丝各35克，泡椒丝20克，盐、黑胡椒粉、骨味素各10~15克，香菜末15克

制法 把所有原料一起放在容器中调匀。

特点 海派味浓郁，轻甜轻辣，清香味突出，色泽淡褐红。适用于白灼蛤蜊、清蒸基围虾等菜肴。

17. 蒜姜汁

配方 嫩姜、大蒜子（均切成小手指甲大小之薄圆片，或视菜肴形态均切成细末）各25克、鲜鸡汤185克，骨味素20克，白醋、红辣油各少许，盐适量

制法 把姜、蒜片和骨味素、盐、鲜汤调匀后，滴入白醋，再滴入红辣油即可。

特点 蒜香鲜明，能去腥，咸鲜微咸，带有柔和的姜辣味，色泽清白，略有红色油花。适用于白灼海螺、蒜姜汁文蛤等菜肴。

18. 牛柳汁

配方 桂皮110克，洋葱300克，泡红辣椒110克，八角茴香20克，鲜番茄2只，苹果2只，芫荽75克（芫荽籽粉40克），清水4200克，OK汁6瓶（约340克），番茄汁2400克，美极鲜酱油75克，李派林喼汁10瓶（约600克），白糖1200克，盐适量，骨味素40克

制法 先将桂皮、洋葱、泡红辣椒、八角茴香、鲜番茄、苹果、芫荽都放在清水中煮开，以小火继续煮45分钟左右，至香味出后捞出所有香料，离火，再加入所有其他调料即成。

特点 鲜咸面带酸甜，香味丰富醇厚，回味轻辣，色泽淡茄红，适宜中式牛柳、干烧虾球等菜肴。

19. 鱼露汁

配方 鱼露150克，生抽1000克，美极鲜酱油260克，凉开水3900克，白糖260克，骨味素20克，文蛤精40克，香葱细丝100克，鲜姜细丝35克，大蒜子细丝35克

制法 把所有的调料和水放在一起调匀即成（最好将姜蒜细丝待其他调味品都调匀后，盛入食用碟中时，再分散撒入）。

特点 淡红色，缀以葱、姜、蒜三色细丝，味极鲜美、略有咸味，回味和醇，适宜白灼基围虾、芫荽汆蛤蜊等菜肴。

20. 沙咖汁

配方 沙茶酱185克，海鲜酱150克，油咖喱175克，蒜泥110克，香葱末75克，花生酱75克，李派林喼汁110克，鲜汤1200克，精盐20克，鸡精10克

制法　将花生酱先用少量水搅成薄酱，再将所有的调味料都搅匀在一起成为流汁型复合卤。

特点　色深黄，香味浓，鲜辣醇厚，有果汁味，适宜沙咖牛腩煲、沙咖焗响螺等菜肴。

21. 沙律汁

配方　鸡蛋黄 2 只，白糖 45 克，精制菜籽油（色拉油）400 克，精盐 16 克，芥末粉 4.5 克，柠檬浓汁 50 克，醋精 18 克，柠檬油 3 克，三花牌淡奶 100 克，白胡椒粉 2 克，鸡精 8 克

制法　先将蛋黄、绵白糖、芥末粉调和成糊状，再加入色拉油，边加边搅拌，搅至起胶凝结为脂膏状柔软固体，再逐量加牛奶、鸡精、醋精、柠檬汁、油以及盐和胡椒粉，也应边加边拌，但应轻柔操作，调匀成薄膏状即成。

特点　色呈奶黄，富有奶香、果香，鲜咸带甜，回味微香辣，属中和型复合味。适用于炸、煎类菜点蘸食佐餐或淋浇于造型装盆的串烤，滑炒类菜肴，如沙律大龙虾、沙律牛柳串、沙律椒盐鱼（片）等。

22. 巴黎汁

配方　鸡、鸭骨 1000 克，红鸭汤 1200 克，鲜番茄 2000 克，广式糖醋卤 500 克，油咖喱 700 克，芹菜 250 克，土豆、芫荽各 120 克（芫荽可用芫荽籽粉 30 克替代），甘笋 400 克，蚝油 180 克，酱油 150 克，番茄酱 100 克，鲜汤 1500 克，骨味素 25 克，鸡精 30 克，精盐 25 克

制法　先将蔬菜全部初加工、洗净，和鸡鸭骨一同放入鲜汤和红鸭汤中煮（加 1500 克沸水，鸡鸭骨最好用纱布包裹，以便于剔除）。煮 1 小时后，去除禽骨，将蔬菜全部碾烂如蓉泥，放入汤中，然后把所有的调料投入，用中小火熬者半小时左右，再用箩筛过滤渣滓，使卤汁细腻即可。

特点　色泽橘黄艳丽，卤汁稠浓如浆，酸香、菜蔬清香诱人，酸甜鲜咸带香辣，多味复合，食后回味隽永，齿颊鲜香。适用于西菜中做款式，如巴黎炸

乳鸽、巴黎焗牛排等；也适用于炸、煎、熘、炒类中菜做佐料蘸食或直接调味，如巴黎鳜鱼卷、巴黎煎鸡脯、巴黎葡萄鱼等。

23. 陈芹汁

配方 陈皮细末300克，洋葱末180克，药芹细粒350克，白糖75克，盐35克，番茄酱150克，白胡椒粉50克，鸡精70克，鲜汤1200克

制法 先把糖和盐用热汤溶化，再把所有的调味料全部调和在一起即可。

特点 色淡红、含绿芹色、鲜咸轻酸，回味甜辣，芹香浓郁，适宜白灼响螺、原汁蒸虎鳗等菜肴。

24. 煎封汁

配方 淡汤1300克，李派林喼汁1000克，精盐25克，鸡精15克，骨味素25克，白糖48克，浅色酱油150克，深色酱油75克

制法 将上述调料和汤水放入锅中烧沸调匀后即成。

特点 色泽淡酱红，酱香浓郁，味鲜咸微带酸甜，对某些不够新鲜的原料，可弥补其不足之处，适宜煎封鲳鱼、煎封鸽脯等菜式。

25. 香槟汁

配方 七喜汽水175克，沙律酱500克，白糖50克，柠檬浓汁5克，炼乳20克，精盐2克，香槟酒25克，鸡精15克

制法 先将沙律酱与七喜汽水调匀成稀酱，再将白砂糖、鸡精、精盐放入调溶均匀，再放入炼乳、柠檬浓汁及香槟酒搅拌均匀即成。

特点 色泽奶黄，富有柠檬、奶、酒香，酸甜微咸，滑润利口，适宜滑炒菜兑汁或煎炸菜蘸食或勾琉璃芡，如香槟鸽柳、香槟软煎虾等菜式。

26. 香橙汁

配方 中等大小的鲜橙25只，与橙相仿大小的西柠2个，屈臣氏榕蜜1支，

七喜汽水750克，吉士粉5克，白糖320克，精盐25克，骨味素80克，白脱油50克

制法 先将鲜橙和西柠檬出原汁，然后用100克热水把白砂糖、白脱油煮溶，再加入吉士粉调匀，随后将橙柠原汁，橙蜜、汽水、精盐、骨味素一起放入上述糖油液汁中搅匀即成。

特点 色泽鲜黄，果香、奶香诱人，酸甜可口，微带鲜咸味，食之爽口不腻，开胃消食，可用于禽、畜、鱼、虾等各种肉类的去腥增香，效果明显，如香橙肉片、橙柠牛柳等。

27. 香酱汁

配方 芝麻酱、花生酱各10克，鸡精4克，宴会酱油25克，番茄少司15克，白糖8克，小磨香油5克，张裕味美思红酒10克，上汤12克，白胡椒粉2克

制法 将芝麻酱、花生酱混合放入碗中，徐徐加入上汤，边加边搅和，再加入宴会酱油、红酒搅匀，再把其他调料全部加入即可。

特点 色泽红褐，呈黏稠的薄酱状，口感软滑，香味丰富馥郁，滋味鲜咸微酸甜，属于浓厚型香鲜咸类复合味。适用于冷拌、煎炸类菜肴和火锅菜蘸食佐餐，也可运用于熘、爆、炒类菜肴中作复合调味，如香酱拌肚丝、香酱炸响铃、香酱烙蛤蜊等。

28. 黑椒酱汁

配方 洋葱末90克（或洋葱粉15克），西洋芹菜末110克，大蒜末40克，黑椒末150克，番茄汁130克，OK汁75克，蚝油56克，生油110克，盐适量，白糖150克，骨味素20克，鸡精12克，鲜汤450克

制法 先将生油熬热，放入洋葱末、西洋芹菜末、大蒜末煸香，再加入黑椒末煸香，然后加入鲜汤，把所有的调味品都加入，煲至成薄糊酱即可。

特点 香味浓郁，辣味和醇，鲜咸微甜酸，稠黏如酱，色泽深酱红，适宜黑椒

炸大虾、黑椒焗肉等菜肴。

29. 广式黑椒汁

配方 洋葱60克，干葱头75克，姜末50克，大蒜蓉70克，鲜红辣椒500克，芫荽籽5克，香叶6片，香茅40克，黑胡椒125克，番茄酱75克，精盐50克，白糖45克，骨味素60克，酱油150克，鸡精40克，牛骨1250克，鸡骨1000克，面粉250克，植物油4000克，水7000克

制法 先将牛骨、鸡骨敲断劈碎，用烘箱烤至金黄喷香，再放入清水中煮汤，同时将黑胡椒用小火翻炒至香脆，并用粉碎机碾碎，把调粉用250克油以中小火炒成金黄且香的油面酱，把香茅、香叶、芫荽籽用粉碎机碾成碎末，然后用150克油以中火加热，煸炒洋葱粒、姜末、蒜蓉、辣椒粒、干葱头末至水分耗干，产生浓郁香味后，再放入番茄酱炒出红油，并将这些调料全部倒入牛骨、鸡骨汤中，再放入香茅、香叶、芫荽籽碎末同煮。共熬煮1小时，使牛骨、鸡骨鲜味及调料滋味全部溶入汤中，最后把牛骨、鸡骨捞出，放入黑胡椒粉、精盐、糖、骨味素、鸡精、宴会酱油和油面酱，继续煮15分钟，离火冷却后即成为黑椒（酱）汁（成品约有5000克）。

特点 色泽淡金红，略有粥汤般黏度，香味浓郁、香型丰富，带有特殊的西式调料风味，鲜咸醇厚，微有辣味，无酸味，适合烹调黑椒牛肉，黑椒牛蛙等滑炒菜和铁板，煲仔类（煨烧法）菜肴。

注意事项 煮熬时要防止粘锅，特别是放入油面酱后，容易使汤汁粘底焦香，故应控制好中小火加热，并勤于刮底搅动。

30. 海派黑椒汁

配方 黑胡椒蓉100克，沙茶酱185克，大蒜蓉75克，葱椒酒65克，鲜柠檬3只，鸡蛋5个，食粉14克，嫩肉粉20克，豉油皇汁125克，鸡精25克，骨味素15克，香油50克，淀粉250克，鲜汤1500克

制法 先将禽畜类原料约5000克加入750克鲜汤和食粉、嫩肉粉中，顺势搅

和（或搅和后静置15分钟），搅至原料吸水，再将其他大部分调料和鸡蛋液及剩下的鲜汤全部倒入一起搅匀，最后加入干淀粉拌匀，再加香油即可。

特点 色泽淡褐（黑），浓香扑鼻，能使原料吸水而软嫩异常，滋味鲜咸回味，略有酸辣，适用于煎炸类禽畜类原料，也可用于焗烤类品种上浆或挂酥炸糊、拍面包渣，外香松脆，里极软嫩，如黑椒炸牛排、鸡排，黑椒煎鸽柳等。

31. 蒜香骨汁

①海派蒜香骨汁（适用于500克刀工成形的肉排段）

配方 大蒜末500克，玫瑰露酒25克，精盐2.5克，骨味素2克，白胡椒粉1.5克，食用红色素微量，淀粉30克，生抽20克，味好美牌嫩肉粉微量

制法 将大蒜末加入约400克清水浸没，浸泡1小时左右后倒入细布中包裹挤压，使蒜汁过滤出来（蒜渣可另外制作"金沙料"），将原料冲洗干净后浸在蒜汁中2小时以上。

将浸渍过蒜汁的原料捞出沥干（蒜汁仍可重复使用），加入玫瑰露酒、生抽、精盐、骨味素、白胡椒粉、红色素及嫩肉粉拌匀，再撒入干淀粉拌匀至每条（块）原料上都均匀地粘住较干的薄糊浆，摊放盆中待用。

将原料分散下六七成热的油锅中炸至略有浮力——基本嫩熟后捞出，再用八成热的油复炸至外金黄香脆，里软嫩即可。

特点 使油炸后色泽金黄，外香脆、里软嫩，蒜香扑鼻，鲜咸可口，回味微辣，适用于禽、畜、鱼类原料。浸渍蒜汁和油炸的时间可视原料成型大小而定。原料鲜嫩易熟的，不要用嫩肉粉。著名菜肴有：椒盐蒜香骨、海派新款风味蒜香鸡、神州蒜香鱼（鲈鱼或鳜鱼厚片）。

②港式蒜香骨汁（按500克原料用750克水浸没算）

配方 白醋水120克或广东陈村枧水100克，大蒜末200克，广东米酒12克，李派林喼汁8克，鸡精5克，白胡椒2克，生抽王10克，嫩肉粉微量，

白糖2克，大蒜粉4克，生粉15克，糯米粉12克，南乳汁7克

制法 将切成段的肉排用白醋水或枧水兑4~5倍的清水浸泡漂白，除尽血水，然后再用流动水冲洗3小时，沥干；把蒜末加300克水浸泡1小时，挤压过滤出蒜汁，再把肉排段放入浸渍2小时。将肉排段沥去表面蒜汁，加入除大蒜末、白醋或枧水以外的所有调味品，拌匀上浆，使表面有一层薄糊浆，不滴浆汁即可。

特点 同海派蒜香料汁，但香味层次更多一些。

关键 用醋、碱漂白、冲洗，可使肉质吸水而更嫩，消除肉腥气；用大蒜粉增香比用鲜蒜汁控制蒜辣味的效果更好。

32. 香酱辣汁（新潮砂锅大鱼头调料）

配方 葱白段5克，姜片3克，蒜蓉辣椒酱10克，花生糊7克，绿芥末4克，香糟汁8克，好味特鲜酱油150克，白糖25克，肉汤1000克，牛油175克，骨味素6克，青大蒜（切段）25克

制法 将原料用牛油煎炸或煸炒至香黄后，加入葱白、姜片、特鲜酱油、白糖、肉汤，烧开后改中小火煨烧至配方将熟，再加入蒜蓉辣椒酱、芥末膏、花生糊、骨味素烧开，最后放入香糟汁和青大蒜段，将牛油烧热，浇在青大蒜上即可。

特点 汤汁淡红浓醇，香味丰富馥郁，汤而不见热气，但入口滚汤暖胃；味鲜咸微甜辣，青蒜碧绿诱人。源出自海派菜砂锅大鱼头，改传统做法为色淡，增加花生糊（酱）和绿芥末，使香味层次丰富，汤汁浓醇厚味，以此举一反三，可烹调砂锅炖甩水、砂锅炖炸鱼、香辣牛排煲、香辣豆腐煲等。

33. 果珍香汁

配方 美国果珍125克，鲜柠檬1只（切片），苏式话梅150克，白砂糖250克，吉士粉12克，净化水500克，精盐2克，鸡精10克

制法 将所有调料、佐助料放在一起，约2小时后即成“果珍香汁”。将鲜藕

或荸荠去皮洗净切片后，放入浸渍 10 小时，即成为鲜黄色、具有甜酸果香的爽脆冷菜。

特点 色泽鲜黄，果香、奶香清雅；甜酸轻柔，属于中性复合型调味料。适用于果珍香汁藕、果珍香荸荠、果珍香黄瓜等清脆爽口蔬果制作的甜酸类冷菜。

34. 虾油糟汁

配方 虾油卤 7 克，鱼露 5 克，香糟卤 8 克，特级生抽 10 克，葱白粒（或丝）3 克，姜末 2 克，文蛤精 4 克，骨味素 2 克，精盐 2.5 克，美香粉 0.5 克，上汤 125 克，绵白糖 5 克，精制油 20 克，水淀粉 10 克，绍酒 5 克，上汤 20 克

制法 用少量油将葱白粒、姜末煸香、下绍酒、上汤，再投入其他调料烧开，勾琉璃芡，再放香糟卤和美香粉，淋油增亮。此汁也可用于冷菜（不需勾芡），而且香糟卤要待卤汁调制好并冷却后才可放入。

特点 色泽白亮，虾鱼鲜味浓厚，糟香轻盈拂面，咸味清淡宜人，能增加原料之鲜味，丰富滋味层次。可用于需要强化调味作用的菜肴，如虾子扒豆腐、虾油糟香鱼、虾糟熘海参等。如制冷菜，可用于糟炝类烹调方法，如虾油糟炝虾（生炝）、虾油糟浸肚、虾油糟毛豆等；也可用于热制冷吃菜，如虾油糟凤爪、虾油糟肉排等。

35. 酸辣香汁

配方 番茄少司 100 克，绿芥末酱 15 克，鲜辣粉、辣椒粉各 1.5 克，吉士粉 2 克，生抽王 25 克，盐 1 克，白糖 8 克，鸡精 4 克，骨味素 3 克，葱姜汁 10 克，鲜汤 20 克，植物油 25 克

制法 将油烧热，煸葱姜汁、番茄少司起香，加辣椒粉熬出红油，再加生抽王、鲜汤以及所有调料调匀，最后勾芡后即可。

特点 色泽鲜红，吉士粉香诱人心脾，酸辣平衡带鲜咸，有一定的刺激性，属

于浓厚型的复合味。适用于海河鲜、野味和需要浓厚滋味瓣原料，如酸辣鳄鱼脯、酸辣焗河鳗、酸辣香（脆皮）豆腐等。

36. 葱椒梅汁

配方 京葱葱白丝（豆芽粗细）20克，嫩姜丝（棉丝线粗细）8克，香葱葱叶丝5克，白醋10克，白胡椒粉5克，鲜辣粉2克，话梅1颗或2颗，盐3克，骨味素2克，鸡精4克，鲜汤750克

制法 先将话梅和鲜汤同烧，沸后加入京葱、嫩姜丝、盐，再沸后放入香葱葱叶丝、白醋及所有调料即可。

特点 洁白、嫩黄、碧绿，三色辉映，味鲜美，微酸辣，葱香、梅香、酸香馥郁醇和，属于和顺型复合法，酸辣而不太刺激，汤（汁）色澄清透明。适宜汆、烩、炖、蒸或白灼（蘸食）类菜肴，如葱椒梅（汆）三片、葱椒梅白灼虾等；也可用于拌、炝类菜式，如葱椒梅干丝（拌）、椒梅半蛤（烫炝）等。

37. 京都骨汁

①海派京都骨汁

配方 洋葱50克，胡萝卜60克，鲜番茄75克，浙醋500克，白糖350克，OK汁25克，美极鲜酱油40克，精盐45克，李派林喼汁50克

制法 先将洋葱、胡萝卜、鲜番茄切成薄块，放在250克水中烧煮半小时，使其有效滋味溶解于水中，成为香料汁，并滤除其中原料。然后将白砂糖倒入香料汁中烧溶，离火后再加入浙醋、OK汁、美极鲜酱油、精盐、李派林喼汁，调匀即可。

特点 色泽玫瑰红，洋葱、胡萝卜等香料和OK汁、喼汁、浙醋组合成内涵极为丰富之酸香味，酸甜浓郁，回味鲜咸，系海派新潮菜京都排骨典型复合味汁之一。

②港式京都骨汁

配方 西柠2只（绞烂），镇江香醋1000克，白砂糖1250克，茄汁320克，精盐40克，浙醋500克，骨味素40克

制法 用清水480克放净锅中，加入白砂糖烧溶，再加西柠蓉调匀，即离火，再加入其他调味品搅匀即可。

特点 色泽紫酱红，西柠、茄汁及两种醋组合成层次较多的酸香味，酸甜浓郁，回味鲜咸，系港菜京都排骨典型复合味汁之一。

38. 干煎虾汁

配方 番茄汁250克，OK汁20克，李派林喼汁18克，片糖60克，骨味素10克，精盐8克，牛柳汁240克

制法 将番茄汁、OK汁、喼汁、片糖都放在净锅中加热，煮滚至匀，再调入牛柳汁、骨味素、搅匀成混合汁液即可。

特点 色泽茄红，香味丰富，鲜甜酸咸，五味醇和，可去腥、增香、助味，提鲜。适宜干煎虾焗、软煎虾饼等菜式，也适宜用煎、炸、蒸、脆熘法制作的其他海鲜菜肴烹调或蘸食，如软炸目鱼片、脆熘鲈鱼卷等。

39. 柱侯酱卤

配方 磨豉酱3000克，芝麻酱350克，南乳300克，白糖1200克，蒜泥100克，葱末150克，陈皮细末375克，鸡精25克，玉桂粉260克，鲜汤1200克

制法 先把芝麻酱用鲜汤化成薄酱，再把南乳捏碎成细泥，把白糖用热汤溶化，然后把所有的调料全部搅均匀即成。

特点 色泽酱红，滋味浓香，鲜咸带甜，黏稠滑口，适宜柱侯白鳝煲、柱侯明炉鸭等菜肴。

40. 鱼虾红酱汁

配方 鸡蛋黄3只，芫荽籽粉5克，番茄少司15克，芝麻酱10克，绿芥末酱18克，

白醋25克，白胡椒粉2克，文蛤精7克，美美椒2克，精盐1.5克，骨味素6克，蜂蜜8克，豉油皇汁35克，姜汁酒10克

制法 先将芝麻酱用豉油皇汁调稀，将绿芥酱用白醋调匀，鸡蛋黄用蜂蜜、姜汁酒调和，然后再把所有的调料全部拌和成为红腻、滋润的流体膏脂即可。

特点 色泽桃红，流汁稠黏，香、酸、辣、鲜、咸诸味纷呈，味感丰富，有刺激食欲、帮助消化及杀菌消毒之功效，适宜刺身、鱼、虾、贝类原料蘸食佐餐，因易于粘附原料而令人感觉入味。若做热菜调味，则须将鸡蛋黄煮熟后粉碎成蓉，再调入本酱汁中，如红酱清蒸鱼、干煎红酱鱼，红酱草虾等。

41. 香辣沙律汁

配方 卡夫奇妙酱10克，孜然粉2克，吉士粉3克，鲜美香粉1克，香辣粉2克，辣酱油5克，三花牌淡奶10克，细盐3克，鸡精4克，白糖5克，葱姜汁6克，植物油7克

制法 将少量油烧热，煸香葱姜汁，然后把所有调味品倒入调和即成。如做香辣沙律味的馅料，则不需油煸，直接拌入原料中即可。

特点 色泽淡黄，富有奶香和香料之复合香味，鲜咸甜辣，口感柔和，滑润味美，属中和型复合型。适合大多数荤素配方和滑炒、滑熘、软熘、烧、煨等烹调方法以及煎炸类菜肴蘸食佐食，如香辣沙律虾、香辣沙律鸽，沙律目鱼片等；也适宜调和馅料，制作各种沙律卷，如香辣海鲜卷、脆皮香蕉卷等。

42. 海鲜豉油汁

配方 上等生抽650克，鲮鱼骨500克，芫荽200克（或味好美牌芫荽籽粉25克），骨味素60克，文蛤精50克，白砂糖60克，白胡椒粉12克

制法 将芫荽、鲮鱼骨一起放在有1500克清水的锅中烧开，撇去浮沫，再加

入芫荽改用小火煨煮，使鱼骨、芫荽中有效的鲜味成分溶解于水中，约得1200克鱼汁（应隔渣取汁），再加入生抽、骨味素、白糖、胡椒粉调匀即成。

特点 色泽清淡，海鱼鲜味突出，作为蒸、氽海鲜类式时淋浇于菜肴表面的味汁，如香氽蛤蜊、软蒸鳜鱼等。

43. 野禽酱汁

配方 洋葱片250克，干葱蓉50克，胡萝卜片125克，大蒜蓉35克，柱侯酱100克，海鲜酱50克，宴会酱油90克，酸梅酱30克，白糖75克，骨味素15克，植物油60克，鲜汤1000克

制法 先将洋葱片、胡萝卜片放入鲜汤中煮半小时，至酥烂后捞出。另将干葱蓉、大蒜蓉用油炸（煸）香后，再加入柱侯酱、海鲜酱煸炒至香，然后一同放入汤中，并加入全部调料烧煮成酱汁。对禾花雀、鹌鹑、乳鸽等小型野禽，一般采用油炸至表面金黄香脆后，再用此酱汁焖烧至入味，捞出即可（热吃要用此酱汁与配方一同加热，稠浓收汁）。

特点 色泽酱红，香味浓郁，有柱侯酱的特殊风味，鲜咸略甜，微有果酸味，酱汁略有粘度，能去腥增香，使原料易于入味。在海派菜中，此汁可用于家禽之掌、翼、小腿及蛋类烹调。

44. 焖烧野味卤汁

①港式野味汁（红焖）（适宜烹调1500~1800克野味）

配方 姜块200克，大蒜子15克，青大蒜段25克，陈皮10克，草果4克，干葱12克，八角2克，桂皮3克，鲜红辣椒15克，姜汁酒35克，柱侯酱5克，红乳腐汁25克，芝麻酱20克，草菇老抽12克，植物油200克，淡二汤1500克

制法 将干葱、大蒜子、陈皮川200克油煸炒至金黄色香，再放入柱侯酱、芝麻酱煸炒至香，然后烹入姜汁酒，加入二汤和其他调料（用纱布袋包裹），

烧开即成卤汁。同是野味原料经初加工后，切块或原形（如兔子）通过焯水后，用少量热油煸炒（或油炸）去腥，再放入焖烧野味卤汁中加热至熟即可（肉可反复使用，但应凉透后放入冰箱保存，以保持卤汁的质量）。

特点 色泽金红，香料丰富，香鲜咸、甜，微有辣意，滋味厚实，能较好地去除野味的腥臊，增加香味，而且鲜香味能透入原料，使之感觉入味。

②广式野味汁（白烧）

配方 陈皮5克，鲜姜15克，竹蔗500克，胡椒粉2克，黄皮叶8克，香葱10克，小白乳腐3克，桂圆肉10克，红枣（去核）5克，姜汁酒25克，火腿汁、二汤1000克，精盐8克，白糖6克，骨味素12克

随碟 柠檬叶丝、芫荽各5克，鲜菊花20克，薄脆50克

制法 将野味经初加工（焯水除腥臊）后，放入上述所有的调料（最好葱、姜、蔗、黄皮叶用纱布袋包裹）和汤水，焖烧至熟，然后视菜品要求或勾芡（烩烧）或不勾芡（卤水烧），但上桌时应带随碟柠檬叶丝等四件助餐。

特点 色泽淡黄，鲜香和醇，有增香、去腥、助鲜之调味功效，使咸味清淡，回味微甜，具南国风味。

③川式野味汁（红焖）（适宜烹调1500克的野味净料）

配方 大葱100克，花椒子10粒（或花椒粉2克），八角、草果各3克，胡椒籽粒15（或白胡椒粉2.5克），鲜姜50克，黄酒150克，醪糟（酒酿）75克，草菇老抽25克，生抽王30克，精盐3克，冰糖30克，骨味素4克，美美椒5克，小磨香油5克，泡红辣椒12克

制法 把野味料用冷水锅焯水，去净血水并用清水洗净，然后用鲜汤兑汁，把野味料和调料一同放入，以旺火烧开，小火焖烧1~2小时，直至原料熟酥糯软。调料中大葱、花椒、八角、草果、胡椒、姜要用纱布包裹使用，以便于使用后取出，不污染原料形体，醪糟等调料可以直接放入。另外，用菜烹调野味时喜用鸡肉、笋和蘑菇配合，辣味很淡或不用辣味，很少用麻辣类型的调味。骨味素是在将原卤熬稠时才加入。

特点 色红发亮，当野味料炆软后非常入味，咸鲜中略有甜辣，香味浓郁，无腥膻，是川菜野味菜肴中富有高原特色的风味菜，如红烧旱獭、红焖牛鞭等。

④微式野味汁（黄焖）（适用于烹调1200克的野味原料）

配方 小葱结10克，姜块8克，桂皮、八角各2克，花椒粒6粒（或花椒粉3克），腌雪里蕻菜100克，当归15克，绍酒25克，特级生抽40克，草菇酱油12克，精盐4克，冰糖5克，小磨香油5克，熟牛油80克

制法 将野味料切块后用冷水浸泡1小时左右，使其去净血水，再用冷水锅焯水除尽土腥异味，然后用熟牛油煸炒1分钟再加入调料，加水烧开后改用小火细炖。炖至约八成熟时，另用净锅加油煸炒雪里蕻菜（切成3厘米长，最好用菜梗），再倒入原料中续烧，直到原料九成酥熟并收浓卤汁为止。

特点 色泽淡红似黄，滋味鲜美，采用当归、雪菜不但能去腥，而且还能提鲜，具有特殊的鲜香味，能衬托出野味料本味之鲜，是皖南山区冬季野味美食的特有复合调料。

第五章

风味秘汁酱料调制技术

一、潮粤风味秘汁酱料调制技术

1. 潮式卤水浸味料（红卤水）

配方

A料：棒子骨2500克，南姜1千克（洗净后拍破），芫荽80克，香茅300克，八角40克，沙姜40克，草果40克（拍破），甘草75克，小茴香60克，桂皮75克，香叶20克，丁香15克，陈皮1块（撕碎），生抽1千克，清水6千克

B料：棒子骨2500克，冰糖2500克，盐1500克，片糖2500克，骨味素300克，绍酒700克，玫瑰露酒160克，蚝油650克，鱼露150克

C料：棒子骨2500克，生姜片150克，生葱150克，芫荽80克，香芹75克，蒜肉75克

制法 将C料投入热油中爆香，然后装入桶内加上A料，上火烧开，转小火熬约2小时，待香料和棒子骨出味后，捞出料渣，再将香料装入布袋内，放回桶里，其余的料渣不用。将B料放入不锈钢桶里，搅至冰糖和盐溶解以后，再煲20分钟，离火即成卤水。

2. 潮式蒜椒红卤水

配方 蒜泥100克，泡红辣椒80克，花椒30克，八角20克，桂皮20克，香叶5克，丁香5克，绍酒100克，曲酒20克，生抽500克，蚝油150克，鱼露120克，精盐70克，骨味素60克，清水6千克

制法 先将蒜泥、八角、花椒、泡椒、桂皮、香叶、丁香放入清水锅烧开，再转小火煮1~1.5小时，然后放入绍酒、曲酒、生抽、蚝油、鱼露、骨味素等。煮约15分钟，捞出料渣，并把花椒、八角、桂皮、香叶、丁香装入布袋内，放回锅中即成咸卤水。

3. 潮式五香白卤水

配方 葱结80克，姜片150克，八角70克，小茴香40克，草果5枚，沙姜片60克，花椒30克，桂皮25克，香叶5片，绍酒60克，曲酒25克，鱼露60克，虾油20克，精盐160克，骨味素50克，冰糖25克，清水5千克

制法 先将葱结姜片、八角、小茴香、草果、沙姜片、花椒、桂皮、香叶放入清水锅中烧沸，再转小火煮约2小时，然后加入剩余的调料烧约10分钟，捞出料渣，并把八角、小茴香、草果、沙姜片、花椒、桂皮、香叶装入纱布袋内，放回锅中即成。

4. 粤式卤水浸味料（红卤水）

配方

A料：八角40克，沙姜40克，桂皮20克，陈皮1块（掰碎），草果30克（拍破），香叶25克，甘草40克，丁香15克，蛤蚧3个，生抽1500克，生姜150克，生葱80克，芫荽80克，棒子骨1500克，清水14千克

B料：冰糖2千克，精盐500克，骨味素150克，绍酒150克，棒子骨1500克，清水14千克

制法 将A料放入不锈钢桶里，上火煮沸后，转小火熬约2小时，直至香料和棒子骨出味。将B料放入桶里，并不停地搅动（防止冰糖焦底），待冰糖和精盐完全溶化后，熬约5分钟，再捞出料渣把棒子骨、生葱、芫荽弃之不用，其余香料用布袋装好，放回不锈钢桶里即成。

5. 粤式精卤水

配方

A料：八角80克，桂皮100克，甘草80克，草果30克（拍碎），丁香20克，沙姜片25克，陈皮30克，罗汉果1枚

B料：姜块100克，长葱条250克

C料：浅色酱油5000克，绍酒2500克，冰糖1500克

制法 炒锅置旺火上，放入200克花生油烧热，投入B料爆香，起锅倒入一不锈钢桶内，放入C料与A料，上火煮沸至冰糖溶化后，转小火熬约1小时，挑去葱姜不用。捞出A料装入煲鱼袋内，再放回桶中，撇去浮沫即成。

注 粤式精卤水除了每周换一次香料外，其他原料要根据精卤水的耗用情况，在每次加入浅色酱油500克时，需要加入5克精盐、冰糖150克、绍酒250克，以保持精卤水的味道。

6. 粤式白卤水

配方 八角15克，丁香5克，甘草10克，草果15克（拍碎），沙姜片20克，花椒20克，桂皮10克，精盐150克，骨味素50克，清水2500克

制法 取一不锈钢桶，掺入水放八角、丁香、甘草、草果、沙姜片、花椒、桂皮，上火烧沸后，转小火熬约1小时，再放入精盐、骨味素，捞出香料，用煲鱼袋装好，然后放回不锈钢桶内即可。

7. 豉油鸡浸味料（油鸡水、油卤水）

配方

A料：红曲米30克，丁香6粒，八角8个，香茅草2根，沙姜片15克，生葱30克，草果4个（拍破），甘草10克，香叶20片，生姜50克，桂皮5克，芫荽30克，陈皮半块，棒子骨800克，生抽2000克，清水3500克

B料：冰糖1500克，精盐300克，骨味素100克，鸡粉50克

C料：玫瑰露酒50克，绍酒100克，老抽适量

制法 将A料放入不锈钢桶内，烧沸后转小火熬约2小时，直至香料和棒子骨出味。将B料放入装有A料的不锈钢桶中，不停搅动，待B料完全溶解后，捞出料渣除去生葱、棒子骨、芫荽不用，把剩余的香料装入煲鱼袋，再放回不锈钢桶中。

8. 葱油味汁

配方 精盐、葱、香油、骨味素

制法 先将葱切成寸段，用七成热的熟菜油泡出香味后与盐、骨味素调匀即成。调制后，在咸鲜味浓的基础上重用葱、香油，突出葱的清香味。

9. 沙茶甜酱料

配料 红酱油100克，白糖50克，椒盐花生米250克，花生糖125克，沙茶酱300克，红辣椒油50克，鸡精15克，骨味素10克

制法 在红酱油中加白糖，烧热调匀成甜酱油。将椒盐花生米碾成粉末状。将花生糖加入甜酱油中，再加沙茶酱、红辣椒油、鸡精、骨味素调匀。最后再将花生糖全部加入酱中调匀即成。

10. 豉蚝汁

配方 豆豉（斩泥）300克，蚝油110克，大蒜末95克，泡红椒末75克，陈皮末40克，上等黄酒50克，老抽165克，红葡萄酒50克，白糖75克，生抽110克，（每款菜肴再用细长的泡椒丝，姜丝和香菜枝叶各少许，鲜汤适量）

制法 先用75克生油熬热、蒜末、豆豉泥、陈皮末、泡红辣椒末煸香。加鲜汤、黄酒、老抽、白糖、蚝油、骨味素，烧开离火，待冷却后，再加红葡萄酒，制成混汁。将所需拌腌的原料放入拌和，上笼蒸熟。然后把泡红椒丝、姜丝放在原料当中，另将余下生油熬热至稍冒青烟，趁热浇在原料表面的泡椒丝和姜丝上，香菜围在菜肴四周即可。

11. 香橙汁

配方 新鲜橙子250克，清水500克，精盐10克，白醋50克，白糖50克，鲜橙粉100克，橙香精3克

制法 将500克清水加白糖烧开放凉，新鲜橙子切成片放入凉水中浸泡取水备

用。将精盐、白醋、鲜橙粉、橙香精调入用鲜橙浸泡过的凉水中即成香橙汁。

12. 陈皮味汁

配方 姜30克，葱20克，鲜橙子250克，清汤250克，干海椒30克，干花椒10克，精盐20克，冰片糖50克，陈皮20克，白醋10克，浓缩橙汁30克，色拉油100克

制法 将干海椒剪段、去籽，陈皮泡软切碎，鲜橙榨成橙汁，姜切末、葱切段待用。炒锅上火，色拉油烧至六成热，下干海椒、干花椒和泡好的陈皮煸出香味，倒入清汤调入精盐、冰片糖、白醋、浓缩橙汁、榨好的鲜橙汁调匀即成陈皮味汁。

13. 洋葱汁

配方 小洋葱100克，洋葱200克，姜50克，芹菜30克，小米椒20克，清汤1000克，精盐20克，骨味素20克，鸡精30克，美极鲜酱油20克，白糖10克，胡椒粉20克，八角2粒，香叶5片，料酒10克，蚝油40克，花生油200克，香油30克

制法 将小洋葱、洋葱分别切成小块，姜切片，芹菜、小米椒切段备用。炒锅上火倒入1000克清汤，放入切好的小米椒、芹菜、姜、小洋葱、洋葱和香叶、八角熬至出味，调入精盐、骨味素、鸡精、美极鲜酱油、白糖、胡椒粉、料酒、蚝油，起锅倒入盆内，用花生油、香油浇淋于汁上即成。

14. 荔枝味汁

配方 泡红椒40克，姜、葱、蒜蓉各20克，精盐24克，白糖50克，白酱油50克，米醋50克

制法 取一调味钵，倒入白酱油、米醋，放入精盐、白糖溶化后，加入泡红椒和姜、葱、蒜蓉调匀即成。

15. 沙茶甜酱味汁

配方 红酱油100克，白酱油50克，甜酱油50克，酥花仁200克，沙茶酱300克，红油50克，鸡精15克，骨味素10克

制法 取一调味钵，倒入红酱油、白酱油、甜酱油、沙茶酱、红油、鸡精、酥花仁调拌均匀即成。

16. 蚝油鲜味汁

配方 姜、蒜、葱、香菜末各70克，蚝油200克，生抽150克，清汤300克，鸡精10克，骨味素10克，葱油50克，香油20克

制法 取一调味钵，倒入清汤，调入蚝油、生抽及葱、姜、蒜、香菜末和鸡精、骨味素、葱油、香油调拌均匀即成。

17. 茄醋葱味汁

配方 番茄300克，大葱100克，蒜10克，姜10克，红椒5克，香菜根50克，精盐10克，白糖20克，香醋150克，骨味素15克，清汤100克

制法 将番茄、大葱、蒜、姜、红椒、香菜根放入打汁机，去渣留汁，调入清汤、精盐、白糖、骨味素搅拌均匀即成。

18. 豉蚝味汁

配方 蒜末80克，泡红椒末60克，磨豉酱300克，蚝油100克，美极鲜酱油70克，生抽100克，清汤200克，白糖50克，鸡精20克，精盐20克

制法 炒锅上火，下蒜末、磨豉酱、泡椒末煸香，放凉后调入清汤、美极鲜酱油、生抽、白糖、鸡精、蚝油、盐调制均匀即成。

19. 沙嗲酱汁

配方 蒜泥、葱蓉各50克，小米椒末5克，沙嗲酱50克，花生酱50克，南乳20克，番茄酱10克，清汤50克，白糖40克，鸡精30克，生抽50克，

精盐20克，葱油100克

制法 炒锅上火，加入葱油烧热，下番茄酱、蒜泥、葱蓉、小米椒煸出香味，放凉后调入沙嗲酱、花生酱、南乳、清汤、白糖、鸡精、生抽、精盐调制均匀即成。

20. 鲜橙汁

配方 鲜橙2000克，柠檬100克，蜂蜜100克，七喜汽水250克，糖50克，精盐20克

制法 将鲜橙柠檬榨成汁，调入蜂蜜、七喜汽水、糖、盐搅拌均匀即成。

21. 海派麻辣味汁

配方 葱、姜、蒜蓉各30克，精盐8克，花椒4克，刀口辣椒末5克，豆瓣酱6克，白糖8克，酱油5克，香醋5克，红油16克，骨味素少许，鲜汤25克，香滑磨豉酱10克，柱侯酱15克

制法 将豆瓣酱剁细和辣椒、葱、姜、蒜炒到出红油后，放入酱油、香滑磨豉酱、柱侯酱、花椒、香醋、红油、骨味素、精盐、白糖、鲜汤调成汁即成。

22. 鲍汁

配方 鲍鱼原汁100克，蚝油10克，老抽1克，骨味素5克，鸡精5克，湿粉5克，精油10克

制法 将鲍鱼汁煮沸调味，用湿淀粉勾芡，用蚝油、骨味素、鸡精、老抽调色，最后淋入精油即成。

注 熬制鲍汁的配方及制法：老鸡2000克，脯排1000克，瘦肉1000克，火腿500克，猪脚500克，鸡脚250克，瑶柱100克，虾米50克，蚝油250克，冰糖100克，陈皮50克，清淡汤10000克，煲约12小时倒出，沥渣留汤即成。

23. 海皇汁

配方 鲍鱼200克，虾干100克，干贝200克，火腿200克，老鸡1只，清水2000克，生姜50克，香葱50克，白酱油500克，鸡精20克，香油5克

制法 将鲍鱼、虾米、干贝、火腿、老鸡清洗干净放入盆中，加入清水、生姜、香葱放蒸柜蒸8小时，去渣留汁，加入白酱油、鸡精、香油调匀即可。

24. 茶皇汁

配方 特级龙井茶叶10克，淡汤500克，精盐5克，鸡精7克，白糖2克，花雕酒10克，姜汁5克

制法 将淡汤烧沸，冲泡龙井茶5分钟，去渣留汁，加入其余原料调匀即成。

25. 蚝皇汁

配方 蚝豉200克，绍酒10克，姜、葱各10克，蚝油500克，清水500克，老抽酱油20克，精盐15克，鸡精30克，白糖30克，香油20克

制法 将蚝豉洗净，加入清水、姜、葱、绍酒入蒸柜蒸2小时，取出去渣留汁，加入其余原料煮沸调匀即成。

26. 菠萝汁

配方 菠萝罐头1罐，精盐3克，白糖30克，白醋20克，柠檬汁5克，清水300克，吉士粉10克

制法 将菠萝罐头连水搅碎，加入其余原料煮沸调匀，吉士粉用水调稀推芡即成。

27. 桂花汁

配方 糖桂花酱10克，蜂蜜20克，白糖50克，精盐2克

制法 将上述原料充分混合拌匀至白糖溶化即成。

28. 粤式红烧酱

配方 柱侯酱240克，磨豉酱240克，海鲜酱100克，花生酱100克，芝麻酱100克，蚝油100克，腐乳50克，南乳25克，冰糖100克，料酒100克，蒜蓉10克，干葱蓉10克，姜末10克，陈皮蓉5克，精油500克

制法 将柱侯酱、磨豉酱、海鲜酱、花生酱、芝麻酱、蚝油、腐乳、南乳放入盆中拌匀。锅内下精油烧沸，放入蒜蓉、干葱蓉、姜末、陈皮蓉爆香，再淋入料酒，放入拌匀的复合酱料、冰糖搅拌至冰糖溶化即成。

29. 港式妙酱

配方 叉烧酱100克，排骨酱100克，蒜蓉辣椒酱50克，蚝油100克，冰糖70克，陈皮蓉25克，香叶10克，精油250克

制法 锅内放油烧热，放入陈皮蓉、香叶爆香，再放入叉烧酱、排骨酱、蒜蓉辣椒酱、蚝油、冰糖烧沸搅匀至冰糖溶化即成。

30. 橄榄肉碎酱

配方 橄榄酱150克，肉碎50克，火腿粒10克，辣椒粒10克，蒜蓉10克，干葱蓉10克，精盐5克，鸡精10克，白糖3克，精油200克

制法 将精油烧热，放入蒜蓉、辣椒粒、干葱蓉爆香，下肉碎、火腿粒炒出香味，下橄榄酱、精盐、鸡精、白糖调味，翻炒均匀，散出香味即成。

31. 紫金酱

配方 紫金辣椒酱250克，麦芽糖50克，海鲜酱100克，蒜蓉10克，干葱蓉10克，鸡精25克，料酒50克，精油100克

制法 将精油烧热下蒜蓉、干葱蓉爆香，淋入料酒，放入剩余原料煮沸即成。

32. 豆豉鲮鱼酱

配方 阳江豆豉150克，鲮鱼500克，老抽酱油50克，蚝油25克，精盐35克，

骨味素 50 克，白糖 10 克，蒜蓉 50 克，姜蓉 50 克，椒米 50 克，料酒 50 克，淡汤 6000 克，湿（芡）粉 20 克，胡椒粉 5 克，香油 5 克，猪油 50 克，精油 500 克

制法 将鲮鱼炸至金黄色，剁碎备用。锅内放入猪油烧热，下蒜蓉、姜蓉、椒米爆香，淋入料酒，放入淡汤、豆豉、鲮鱼煮沸，放入剩余原料调味，推芡即成。

33. 港式避风塘料

配方 蒜蓉 500 克，粗面包糠 750 克，辣椒碎 100 克，豆豉 150 克，精盐 80 克，骨味素 100 克，白糖 125 克，胡椒粉 50 克，精油 2000 克

制法 锅内放精油烧热，分别将蒜蓉、精面包糠浸炸成金黄色捞出沥油。锅内放少许油烧热，放辣椒碎、豆豉爆香，调味拌至味料溶化，下炸好的蒜蓉、面包糠充分拌匀即成。

34. 粤式脆浆料

配方 生粉 75 克，面粉 200 克，泡打粉 22 克，吉士粉 10 克，精盐 3 克，清水 300 克，精油 25 克

制法 将上述原料充分拌匀放置 10 分钟即成。

35. 橙汁

配方 浓缩橙汁 2000 克，蜂蜜 200 克，绵白糖 600 克，白醋 150 克，西柠汁 150 克，水 400 克，吉士粉 100 克，精盐 5 克

制法 锅洗净，上火放入水、橙汁、西柠汁、绵白糖、白醋、蜂蜜、精盐烧开用吉士粉勾芡即成。

36. 上汤红花汁

配方 藏红花 3 克，上汤 100 克，鸡汁 15 克，骨味素 15 克，白糖 5 克，湿淀粉 10 克

制法 藏红花用热水泡透。锅上火加上汤、鸡汁、骨味素、糖、湿淀粉调匀勾芡即成。

37. 生嗜酱

配方 柱侯酱1瓶，海鲜酱2瓶，沙茶酱2瓶，花生酱50克，豆腐乳汁50克，蚝油15克，红油25克，葱油20克

制法 取一个调味钵，放入柱侯酱、海鲜酱、沙茶酱、葱油、花生酱、豆腐乳汁、蚝油、红油调匀即成。

38. 蒜蓉粉丝酱

配方 鲜蒜蓉100克，金蒜蓉100克，蚝油20克，精盐40克，骨味素25克，水发粉丝150克，蒜油200克

制法 取一个调味钵依次放入鲜蒜蓉、金蒜蓉、蚝油、精盐、骨味素、水发粉丝、蒜油搅匀即可。

39. 白卤作料汁

配方 白醋50克，美极鲜酱油5克，蒜蓉10克，青红椒蓉各2克，绵白糖2克，米酒2克，香油2克

制法 取一个调味钵，依次放入白醋、美极鲜酱油、蒜蓉、青红椒蓉、绵白糖、米酒、香油搅拌均匀即可。

40. 海鲜醋酱汁

配方 姜20克，白醋30克，洛口醋20克，镇江香醋20克，味达美10克，精盐5克，骨味素5克

制法 将姜切成末，放调味钵内，加白醋、洛口醋、镇江香醋、味达美、精盐、骨味素调匀即可。

41. 香辣豆豉酱

配方 老干妈豆豉酱100克，海鲜酱40克，精盐5克，骨味素15克，糖5克，葱姜油30克，金华火腿20克（切细末），美极鲜酱油10克，油炸花生米末10克，花雕酒5克

制法 净锅上火加葱姜油，烧热放火腿末、豆豉酱煸炒出香味，放美极鲜酱油、海鲜酱、精盐、骨味素、糖、花生米末炒制2分钟即可。

42. 糖醋汁

配方 蒜末30克，精盐4克，老抽酱油5克，白糖500克，白醋250克，洛口醋100克，番茄少司200克，生粉75克，水150克，色拉油50克

制法 净锅上火，放色拉油烧热，加蒜末煸出香味，加入洛口醋、白醋、番茄少司、白糖、老抽酱油、精盐、水熬开，用生粉勾芡即可。

43. 粉蒸酱

配方 葱姜油50克，美极鲜酱油10克，甜面酱10克，蚝油、白糖10克，豆瓣酱10克，香米150克，骨味素10克，红油80克

制法 锅上火，将香米炒香砸碎，净锅放葱姜油烧开，下豆瓣酱、美极鲜酱油、白糖、骨味素、甜面酱、蚝油炒出香味，再放入香米粉、红油搅拌均匀即可。

44. 口水鸡料味汁

配方 辣椒油500克，红干椒400克，川麻椒50克，花椒100克，麻汁100克，芝麻100克，姜泥50克，白糖100克，精盐25克，骨味素25克，白醋50克，美极鲜酱油50克

制法 红干椒、花椒、川麻椒用温水浸透，剁成泥备用。取一调味钵，依次放入白糖、辣椒油、麻汁、芝麻、白醋、姜泥、红椒泥、川麻椒、花椒泥、精盐、骨味素、美极鲜酱油搅拌均匀即可。

45. 砂锅鱼头酱

配方 蚝油200克，生抽20克，海鲜酱100克，美极鲜酱油15克，鸡粉50克，胡椒粉10克，骨味素25克，沙姜粉15克，陈皮末10克，葱姜油100克

制法 取一个调味钵，依次放入蚝油、生抽、海鲜酱、美极鲜酱油、沙姜粉、陈皮末、胡椒粉、鸡粉、骨味素、葱姜油搅拌均匀即可。

46. 美极鲜汁

配方 美极鲜酱油300克，瑶柱汁150克，叉烧酱15克，洋葱15克，胡萝卜10克，西芹15克，青辣椒2个，白糖5克

制法 净锅放水烧开，再放入美极鲜酱油、瑶柱汁、叉烧酱、洋葱、胡萝卜、西芹、青辣椒、白糖熬制15分钟晾凉捞出原料渣，取汁即可。

47. 醋香烧汁

配方 老陈醋300克，美极鲜酱油50克，白糖100克，胡椒粉15克，陈皮末10克，蒜片25克，熟芝麻15克，二锅头酒15克

制法 取一个调味钵，依次放入老陈醋、美极鲜酱油、二锅头酒、白糖、胡椒粉、陈皮末、蒜片、熟芝麻，搅拌均匀即可。

48. 广式煲仔蚝油酱汁

配方 XO酱2大匙，高汤100克，蚝油2大匙，砂糖1大匙，老抽酱油少许，鸡粉16克，葱段1根，姜片数片，葱末16克，姜末16克，红椒末16克

制法 葱段爆香，再加入姜片爆香。接着加入其他调味料一起煮滚即可。

二、川菜风味秘汁酱料调制技术

1. 豆瓣辣酱汁

配方 花椒50克，干辣椒20只，熟生油200克，香油100克，四川豆瓣辣酱200

克，红酱油150克，黄酒75克，骨味素25克

制法 先将花椒、干辣椒，入锅用微火翻炒，至辣椒酥脆时，盛出碾成双椒面，再加熟生油拌匀制成双椒油面。另将香油烧热加四川豆瓣辣酱煸香，加红酱油、黄酒、骨味素再倒入双椒油面，调匀后即成。

2. 泡红辣椒酱

配方 鲜红辣椒10000克，白酒200克，活鲫鱼2条，清水5000克，精盐1000克，冰片糖200克，芹菜500克

制法 将鲫鱼放在清水中养两天。红辣椒洗净，晾干表面水分。将5000克清水加盐、冰片糖熬开，放凉备用。取一块干净纱布将鲫鱼包好，放入坛子底部，将晾好的红辣椒放入坛子中压紧，倒入凉透的盐水和芹菜，放入阴凉处30天即成泡红辣椒酱。

3. 泡姜

配方 新鲜仔姜10千克，芹菜1000克，清水5千克，精盐500克，八角150克，香叶10克，冰糖200克，白酒200克

制法 将仔姜洗净，晾干表面水分，芹菜洗净，将清水倒入锅内，加盐、冰糖烧开放凉待用。将仔姜、芹菜装坛子压紧，倒入凉透的盐水，放香料、白酒，置阴凉处30天即成。

4. 剁椒味汁

配方 云南小米椒50克，姜5克，蒜5克，香菜花5克，葱花2克，香辣酱10克，精盐2克，复制酱油5克，鲜味宝3克，白糖2克，香醋3克，糊辣油10克，清汤20克

制法 将云南小米椒去蒂剁成细末，姜、蒜剁细待用。取一调味钵，加入清汤，放酱油、鲜味宝、白糖、香醋、香辣酱、剁好的小米椒、姜、蒜、精盐、清汤等，调匀放入糊辣油即成。

5. 鲜椒汁

配方 小米椒20克，鲜花椒30克，姜10克，葱10克，色拉油50克，精盐5克，鲜味宝15克，白糖10克，十三香5克，清汤200克，孜然粉5克，鸡粉10克，美极鲜酱油10克，蚝油5克

制法 将小米椒切成小节，姜切片，葱切段备用。炒锅上火，加色拉油烧至六成热，下小米椒、姜、葱、鲜花椒，煸出香味，倒入清汤，调入鲜味宝、白糖、十三香、孜然粉、精盐、鸡粉、美极鲜酱油、蚝油调拌均匀即成。

6. 山椒汁

配方 姜50克，大蒜50克，芹菜100克，鲜沙姜50克，当归50克，水2000克，洋葱50克，精盐50克，鲜味宝50克，鸡粉50克，野山椒5瓶，白醋200克，胡椒粒20克，八角10克，香叶5克，草果1粒

制法 将水倒入锅中烧开后晾凉备用。将野山椒剁细，姜、蒜、洋葱拍破，芹菜切段，当归切片，草果去掉籽备用。将剁好的山椒、姜蒜、芹菜、洋葱、当归倒入凉开水中，调入鲜味宝、鸡粉、胡椒粒、白醋、精盐和各种香料浸泡5小时即成山椒汁。

7. 酸辣汁

配方 精盐3克，鲜味宝5克，红酱油20克，美极鲜酱油5克，香醋10克，鸡粉5克，红油20克，糊辣油10克，清汤20克，白糖5克

制法 取一调味钵倒入清汤，下精盐、鲜味宝、白糖、鸡粉调散，再调入红酱油、美极鲜酱油、香醋，调好下入红油、糊辣油即成。

8. 红油味汁

配方 精盐2克，白糖2克，鲜味宝5克，鸡粉2克，香油5克，红酱油20克，美极鲜酱油5克，红油30克，清汤20克，白酱油10克，熟芝麻5克

制法 取一调味钵倒入清汤，放精盐、白糖、鸡粉、鲜味宝调散，再调入美极

鲜酱油、红酱油、白酱油调制而成，最后放入熟芝麻和红油、香油调匀即成。

9. 麻辣味汁

配方 刀口海椒20克，精盐5克，红酱油20克，香油5克，大料油3克，红油15克，糊辣油10克，鲜味宝3克，鸡精3克，芝麻酱5克，清汤30克，花椒油10克，白糖5克

制法 将清汤放入调味钵中，调入刀口海椒、精盐、鲜味宝、白糖、鸡精、芝麻酱化开，再加红酱油、香油、大料油、红油、胡椒油、花椒油调拌均匀即成麻辣汁。

10. 豉香汁

配方 姜20克，大蒜20克，泡红辣椒50克，精盐10克，磨豉酱1瓶，阳江豆豉5袋，十三香10克，鸡精10克，色拉油250克，清汤500克，白糖20克，蚝油30克

制法 将大蒜、老姜分别剁细，泡海椒去籽切段备用。色拉油倒入锅中，烧至六成热时下蒜、姜末、泡海椒段煸香，再加入豆豉、磨豉酱煸香，掺入清汤，调入白糖、蚝油、精盐、骨味素、鸡精、十三香搅拌均匀即成豉香汁。

11. 鱼香汁

配方 泡辣椒30克，泡仔姜10克，小葱5克，芹菜10克，大蒜10克，清汤20克，精盐3克，骨味素5克，鸡精3克，白糖10克，香醋15克，香油5克，红油20克，番茄酱20克，红酱油15克

制法 将泡辣椒、泡仔姜剁细，放入炒锅中煸香，放凉。再将小葱、芹菜分别切细，大葱捶成泥备用。取一调味钵，倒入清汤，放入煸好的泡辣椒、泡仔姜、精盐、鸡精、蒜泥、骨味素、白醋、番茄酱炒散开，再调入红酱油、香油、香醋、红油炒拌均匀即成。

12. 小椒汁

配方 小米椒30克，芹菜20克，精盐10克，骨味素10克，美极鲜酱油5克，大红浙醋20克，辣椒仔5克，白糖5克

制法 先将小米椒、芹菜切成小段，用大红浙醋腌4小时。将腌好的小米椒放入盆内，加入精盐、骨味素、美极鲜酱油、辣椒仔、白糖调匀即成小椒汁。

13. 豉醋汁

配方 大蒜20克，老姜20克，清汤100克，精盐20克，香醋50克，香油10克，花生油50克，香滑磨豉酱40克，骨味素10克，鸡精10克，白糖10克，美极鲜酱油5克

制法 1. 炒锅上火倒入花生油烧至六成热，将大蒜、老姜切成细末，放入油煸香，加香滑磨豉酱，再倒入清汤烧开放凉成汁。

2. 将放凉的豆豉汁加入精盐、香醋、香油、骨味素、鸡精、白糖、美极鲜酱油调匀即成。

14. 豆瓣汁

配方 大蒜20克，泡姜10克，香葱10克，清汤100克，精盐5克，豆瓣酱50克，蒜蓉酱50克，干海椒30克，红酱油20克，红油30克，香油5克，大料油5克，骨味素10克，鸡精10克，白酒10克，香醋20克，白糖5克

制法 将干海椒剪成段，去籽，用温水泡软备用。将豆瓣酱、蒜蓉酱、大蒜、泡姜全剁成细末，加入泡好的海椒段、白酒腌制12小时备用。取一调味钵倒入清汤，调入腌好的豆瓣酱，加精盐、骨味素、红酱油、白糖、香油、大料油、鸡精、香醋、红油调制均匀即成。

15. 泡椒汁

配方 姜30克，大蒜20克，葱20克，清汤400克，精盐10克，骨味素10克，鸡精10克，白糖2克，野山椒20克，泡红辣椒40克，香油40克，姜

葱油200克，美极鲜酱油15克，胡椒粉10克，白醋20克

制法 姜、蒜切片，葱切段，野山椒去蒂，泡红辣椒切段，去籽洗净待用。炒锅上火，加入姜葱油烧至六成热下姜、蒜、葱、野山椒、泡红辣椒煸出香味，倒入清汤烧沸，调入精盐、骨味素、鸡精、白糖、香油、美极鲜酱油、胡椒粉、白醋调均匀即成。

16. 黄椒汁

配方 大蒜20克，芹菜10克，香葱10克，清汤50克，盐5克，骨味素10克，鸡精5克，黄椒酱40克，美极鲜酱油5克，白酱油10克，辣酱20克，糊辣油30克

制法 取一调味钵，倒入清汤，加精盐、骨味素、鸡精、黄椒酱、辣酱、美极鲜酱油、复制白酱油调匀。将大蒜、芹菜剁细，香葱切成葱花，倒入调好的黄椒酱内，烧入糊辣油即成。

17. 豆瓣辣酱味汁

配方 姜、蒜粒各50克，葱油30克，香油50克，精盐10克，豆瓣酱50克，红酱油100克，红油30克，清汤50克，骨味素25克，刀口海椒50克

制法 将炒锅上火，放葱油烧热，下豆瓣酱和姜、蒜粒煸出香味，放凉即成。取一调味钵，倒入清汤，放入刀口海椒，煸香豆瓣，加入香油、复制红酱油、骨味素、精盐、红油调制均匀即成。

18. 椒油蒜味汁

配方 葱蓉60克，蒜泥50克，胡椒粉20克，姜葱油50克，美极鲜酱油30克，白糖20克，清汤70克，精盐10克，骨味素20克

制法 将炒锅上火，放入姜葱油、蒜泥、葱蓉，煸出香味，下胡椒粉放凉。取一调味钵，倒入清汤，调入煸好的葱蓉、蒜泥，再加入美极鲜酱油、白糖、骨味素、精盐即成。

19. 柱侯酱味汁

配方 蒜蓉30克，葱末20克，磨豉酱50克，柱侯酱60克，白糖20克，鸡精20克，香醋适量，清汤100克，色拉油100克，糊辣油50克

制法 炒锅上火，放色拉油烧热，小火将柱侯酱、蒜蓉煸至酥香，倒入清汤放凉，调入磨豉酱、白糖、葱末、鸡精、香醋、糊辣油搅拌均匀即成。

20. 糊辣剁椒味汁

配方 云南小米椒粒30克，姜蒜末各15克，刀口辣椒25克，红油50克，美极鲜酱油25克，甜酱油15克，白糖10克，熟芝麻15克，骨味素10克，清汤50克，精盐少许

制法 取一调味钵，倒入清汤，调入刀口辣椒、小米椒粒、美极酱油、红油、甜酱油、姜蒜末、白糖、熟芝麻、骨味素、精盐调制均匀即成。

21. 豉椒鲜味汁

配方 青尖椒末100克，酥脆花生碎50克，酥脆黄豆碎50克，酥脆桃仁碎30克，芹菜末20克，香菜末30克，老干妈豆豉酱100克，糊辣油50克，清汤100克，骨味素10克，白糖10克，蚝油5克，美极鲜酱油10克，香醋30克，精盐5克

制法 将老干妈豆豉酱剁成末，放入调味钵内，倒入清汤，调入骨味素、糊辣油、青尖椒末、花生碎、黄豆碎、桃仁碎、芹菜末、香菜末、白糖、蚝油、美极鲜酱油、香醋、精盐搅拌均匀即成。

22. 豉汁味汁

配方 姜蓉、蒜蓉各15克，豆豉30克，磨豉酱8克，香油10克，红油20克，鸡精6克，骨味素适量，葱油50克，鲜汤25克

制法 将豆豉取出剁细，加入葱油、姜蓉、蒜蓉上火炒香，再加入磨豉酱、香油、红油、鸡精、骨味素、鲜汤调制均匀即成。

23. 川味少司汁

配方 酸黄瓜50克，香菜10克，马乃少司500克，精盐10克，胡椒粉20克

制法 将酸黄瓜、香菜切碎，加入马乃少司、精盐、胡椒粉调拌均匀即成。

24. 川式卤水汁

配方 棒子骨5000克，老母鸡1只，老鸭1只，生姜100克，葱150克，南姜200克，清汤20000克，八角20克，桂皮15克，小茴香15克，草果15克，丁香15克，甘草15克，花椒20克，鲜香茅30克，干海椒10克，精盐500克，鸡精250克，鲜味宝200克，卤水增香剂20克，精料酒100克，冰糖250克，色拉油50克

制法 将棒子骨敲断，老鸡、老鸭斩成大块，氽去血水洗净，放入大锅内，加入清汤，下姜、葱、南姜，小火煮至香浓。将各种八角、桂皮、小茴香、草果、丁香、甘草、花椒、鲜香茅、干海椒包入汤料袋放入汤中，炒锅上火放入色拉油，下冰糖小火炒成糖色，调入汤中，再将精盐、鸡精、鲜味宝、卤水、增香剂、料酒煲至数小时即成卤汤。

25. 麻辣汁

配方 花椒油25克，八角20克，辣椒碎50克，蒜肉15克，干葱15克，精盐10克，骨味素15克，香油5克，花生油50克

制法 将花生油烧热，放入八角、蒜肉、干葱爆香，去渣留油，加入辣椒碎、精盐、骨味素、花椒油、香油调匀即成。

26. 乳猪蘸酱

配方 柱侯酱240克，芝麻酱50克，海鲜酱50克，五香粉5克，大茴香粉25克，南乳5克，白糖100克，蒜蓉20克，干葱蓉20克，汾酒50克，精油50克

制法 锅内放油，下蒜蓉、干葱爆香，放入剩余原料煮沸拌匀即成。

27. 豉汁

配方 阳江豆豉500克，陈皮蓉5克，蒜蓉10克，干葱蓉5克，姜蓉5克，老抽酱油10克，精盐3克，鸡精6克，白糖10克，绍酒5克，胡椒粉1克，上汤250克，花生油100克

制法 将阳江豆豉剁成蓉，将蒜蓉、干葱蓉、姜蓉、陈皮蓉放入锅中爆出香味，放入豆豉、上汤煮沸，调入剩余原料拌匀煮沸即成。

28. 豉油皇鱼汁

配方

A料：西芹150克，香菇100克，洋葱100克，胡萝卜150克，香菜50克，姜、葱各50克，清水2500克

B料：万字酱油100克，美极鲜酱油30克，生抽酱油250克，鱼露25克，骨味素8克，鸡精25克，白糖10克

制法 将上述A原料入锅熬汤，去渣留汤1500克，加入B原料煮沸调匀即成。

29. 风味剁椒酱

配方 剁辣酱500克，萝卜干200克，豆豉50克，辣妹子酱100克，蒜蓉50克，姜末50克，精盐45克，骨味素60克，鸡精20克，胡椒粉10克，香油10克，料酒10克，精油750克

制法 将精油烧热，放入豆豉、萝卜干、蒜蓉、姜末爆香，淋入料酒，放入剁辣酱、辣妹子酱煮沸，调味拌匀即成。

30. 榨菜肉酱

配方 榨菜碎150克，肉碎250克，黄瓜碎50克，海鲜酱50克，蚝油50克，精盐5克，骨味素25克，白糖15克，料酒15克，蒜蓉10克，椒米25克，胡椒粉2克，淡汤500克，湿（芡）粉10克，精油50克

制法 将肉碎爆香，加入蒜蓉、椒米炒出香味，淋入料酒，放入淡汤，海鲜酱、

蚝油、榨菜碎煮沸调味，推芡，放入黄瓜碎即成。

31. 辣鱼头烧酱

配方 叉烧酱240克，牛肉酱160克，排骨酱100克，豆酱100克，自制辣椒酱150克，蒜蓉50克，干葱蓉50克，姜米50克，鸡精50克，胡椒粉10克，料酒50克，精油500克

制法 将精油烧热，放入蒜蓉、干葱蓉、姜米爆香，淋入料酒，加入其余原料煮沸、调味拌匀即成。

32. 辣椒油料

配方 精油2000克，辣椒粉500克，洋葱100克，生姜100克，香菜梗50克，八角50克，花椒20克

制法 将辣椒粉、八角椒放入桶内，将精油烧热，放入生姜、洋葱、香菜梗浸炸出香味，拣出生姜、洋葱、香菜梗不用，继续烧精油，待油温升至120~150℃时，倒入装有辣椒粉的桶内充分搅拌，晾凉即成。

33. 辣椒酱料

配方 精油1000克，辣椒干750克，八角50克，牛油50克，生姜50克，洋葱50克，大葱50克，豆豉蓉100克，精盐15克，骨味素20克，白糖5克，美极鲜酱油50克，大葱50克，豆豉蓉100克，精盐15克，骨味素20克，白糖5克，美极鲜酱油50克，胡椒粉5克

制法 将精油烧热下辣椒干、八角炸香，捞起，放入搅拌机搅碎。将生姜、洋葱、大葱放入油内，炸至金黄色出香味，留油去渣，加入牛油烧沸，放入豆豉等其余原料爆香，调味炒匀，放入精油拌匀即成。

34. 水煮汁

配方 白蔻100克，红蔻100克，砂仁50克，白芷50克，香叶150克，孜然

粉150克，罗汉果50克，甘草50克，八角50克，桂皮50克，干椒1000克，辣椒粉1000克，火锅调料3包，豆瓣酱10包，香葱、洋葱、京葱各500克，花椒450克，大蒜头100克，胡椒粉25克，蚝油400克，老抽酱油300克，辣油1000克，色拉油适量

制法 锅内加色拉油烧热，放入白蔻、红蔻、砂仁、白芷、香叶、孜然，罗汉果、甘草、八角、桂皮、干椒、辣椒粉、胡椒粉、香葱、洋葱、京葱、花椒、火锅调料、大蒜头、豆瓣酱、蚝油、辣油、老抽酱油，大火烧开，改用小火熬制1小时即可，用绞肉机绞成蓉即成。

35. 豆豉酱汁

配方 豆豉酱50克，豆瓣酱20克，蒜泥5克，蚝油5克，白糖5克，鸡粉3克，骨味素5克，色拉油50克

制法 把豆豉酱、豆瓣酱、蒜泥、蚝油、白糖、鸡粉、骨味素、色拉油（烧开晾凉）一起搅拌均匀，调好口味即成。

36. 夫妻肺片料

配方 精盐150克，骨味素150克，白糖100克，香油500克，花椒油500克，花椒粉150克，美极鲜酱油500克，香醋100克，红醋150克，熟芝麻100克，熟黄豆粉50克，碎花生米适量，鲜汤1000克，辣椒油3000克

制法 把精盐、骨味素、白糖、香油、红醋、熟芝麻、花椒油、花椒粉、美极鲜酱油、香醋、熟黄豆粉、碎花生米、鲜汤、辣椒油一起放入容器内，搅拌均匀调好即成。

37. 剁椒酱

配方 泡红椒400克，泡黄椒100克，红油50克，鱼露10克，鲍鱼汁20克，鸡粉15克，骨味素15克，姜、蒜泥各15克

制法 将泡红椒、泡黄椒剁碎，放入盘内加入红油、鱼露、鲍鱼汁、鸡粉、骨味

素、姜泥、蒜泥一起搅拌均匀、调好味即成。

38. 泡豇豆卤汁

配方 盐水1000克（盐与水1∶1），黄酒250克，白酒50克，醪糟汁100克，红糖250克，红辣椒500克，香料（草果、八角、花椒、排草各10克）40克，香菌50克

制法 将盐水加入草果、花椒、八角、排草、香菌、黄酒、白酒、醪糟汁、红糖、红辣椒一起放入容器中，调好味即成。盐水放置时间过长容易变质，可加入几节甘蔗。

三、淮扬风味秘汁酱料调制技术

1. 葱油味汁

配方 精盐5克，白糖2克，香油5克，大料油5克，姜葱油10克，骨味素2克，鸡精5克，清汤10克，美极鲜酱油3克

制法 取一个调味钵，放入清汤，调入精盐、白糖、骨味素、美极鲜酱油、鸡精化开，再加入香油、大料油、姜、葱油调匀即成。

2. 姜醋汁

配方 老姜50克，精盐10克，陈醋10克，大红浙醋15克，白糖5克，骨味素10克，鸡精10克，香油5克，姜葱油20克，红酱油20克

制法 将老姜去皮，剁成细末，加入大红浙醋腌2小时至出味。取一个调味钵，放入用姜泡好的浙醋，入精盐、陈醋、白糖、骨味素、鸡精、红酱油、香油、姜葱油调制均匀即成。

3. 醋渍汁

配方 精盐10克，香醋30克，上海辣酱油50克，美极鲜酱油10克，生抽20

克，冰片糖20克，骨味素10克，鸡精10克，老姜20克，辣椒仔2瓶，清水250克

制法 将老姜拍破，加精盐、冰片糖、清水烧开放凉。在放凉的糖水内加香醋、上海辣酱油、美极鲜酱油、生抽、骨味素、鸡精、辣椒仔调匀即成。

4. 咸甜味汁

配方 白酱油50克，精盐1克，冰糖35克，骨味素3克

制法 冰糖砸碎，放入凉开水溶解后，调入白酱油、精盐、骨味素少许，调制均匀即成。

5. 盐香味汁

配方 姜100克，鲜沙姜100克，黄金果30克，鸡油1000克，清汤5000克，精盐200克，罗汉果1粒，鸡精300克，麦芽酚50克，草果10克，香叶5克，盐香粉5袋，冰糖20克，桂皮50克，八角30克

制法 清汤烧沸，放入鸡油，将鲜沙姜、黄金果、罗汉果、草果、香叶、桂皮、八角包装入袋，放入汤中，再调入精盐、鸡精、麦芽酚、盐香粉、冰糖、姜熬至出味即成。

6. 新式糖醋汁

配方 红曲米20克，姜、葱蓉各20克，精盐少许，番茄酱15克，山楂酱8克，白糖25克，醋精8克，上海辣酱油10克

制法 将红曲米煮水即得到红曲米水。番茄酱放入锅中炒至翻沙，加入精盐、山楂酱、白糖、醋精、上海辣酱油、葱姜蓉调拌均匀即成。

7. 芥末油汁

配方 芥末油5克，芥辣膏10克，白酱油15克，白醋5克，香油5克，糖2克

制法 将上述原料充分调匀即成。

8. 蟹汁

配方 蟹肉50克，上汤150克，精盐3克，鸡精4克，胡椒粉1克，香油1克，湿（芡）粉5克，精油10克

制法 将上汤烧沸，放入剩余原料调味，推芡，淋入精油即成。

9. 红曲汁

配方 红曲米25克，淡汤750克，生姜50克，料酒50克

制法 将上述原料放入锅内煮沸，改用小火煮5分钟，过滤去渣留汁即成。

10. 酱香卤汁

配方 卤水150克，辣妹子酱10克，牛肉酱10克，精盐5克，骨味素6克，胡椒粉1克，湿（芡）粉5克，精油20克

制法 将精油放锅中烧热，放入辣妹子酱、牛肉酱爆香，加入卤水烧沸调味，用湿粉推芡即成。

11. XO酱

配方 干贝丝500克，火腿丝500克，虾米粒500克，咸比目鱼肉粒80克，干鱿鱼粒80克，干辣椒粒50克，野山椒粒500克，虾子50克，色拉油2000克，香油25克，蒜蓉700克，干葱蓉500克，鸡粉150克，骨味素150克，白糖150克，白胡椒粉适量

制法 锅内放入色拉油烧至五成热时分别放入虾米粒、干贝丝、干鱿鱼粒，小火浸炸5分钟，取出沥干油。锅内放入干葱蓉、蒜蓉、干辣椒粒，小火煸炒出香味，放入火腿丝、咸比目鱼肉粒、野山椒粒，再煸炒均匀，然后放入炸香的干贝丝、虾米粒、鸡粉、骨味素、白糖、香油、白胡椒粉调匀即可。

12. 蟹粉

配方 长江螃蟹1500克，生姜15克，精盐10克，糖6克，骨味素6克，胡椒

粉2克，醋1克，色拉油300克，黄酒15克

制法 先把螃蟹蒸熟，放冷后剥成蟹黄肉。锅内加入色拉油烧开，放入姜炝锅，再放蟹黄肉，加黄酒、盐、骨味素、胡椒粉、糖，用小火煸炒均匀至香味出，蟹肉炒至粉状即可。

13. 蒸鱼汁

配方 西芹200克，洋葱150克，鲜鱼肉200克，姜片100克，香菜100克，胡萝卜100克，鲜红椒2克，番茄1克，清水2500克，生抽酱油500克，美极鲜酱油150克，酱油150克，老抽王250克，鱼露50克，白糖50克，鸡粉30克，胡椒粉5克，香油85克

制法 将西芹、洋葱、鲜鱼肉、姜片、香菜、胡萝卜、鲜红椒、西红柿等原料收拾干净，洗净。锅放火上，加入清水，再放入洗净的各种原料烧开煮1小时左右捞出原料，加入美极鲜酱油、生抽酱油、老抽王、鱼露、白糖、鸡粉、胡椒粉，调好口味，淋上香油即成。

14. 翅汤料

配方 净老母鸡6000克，猪腿精肉1500克，牛肉1000克，干鲨鱼骨500克，火腿1000克，干贝400克，净肉皮500克，净猪蹄300克，龙骨1000克，清酒100克，色拉油2000克，生姜100克，乳鸽700克，白胡椒80克，清水16000克

制法 将猪蹄、老母鸡、乳鸽、精肉、牛肉、火腿、龙骨收拾干净，斩成块，放入水中，大火烧开，撇去浮沫后洗净。把猪蹄、龙骨、老母鸡块、乳鸽、牛肉、精肉放入油锅内炸成金黄色捞出。不锈钢桶中加清水放在火上烧开，随后加入老母鸡、猪蹄、火腿、乳鸽、干贝、精肉、牛肉、肉皮、生姜、白胡椒、鲨鱼骨、清酒，大火烧开煮8小时左右，待汤汁呈乳白色时，用纱布过滤即可成翅汤。

15. 海鲜汁

配方 水5000克，生抽酱油350克，美极鲜酱油100克，蚝油250克，虾油400克，野山椒3瓶，鸡粉100克，骨味素50克，干辣椒350克，色拉油100克，葱100克，黄酒200克，芹菜750克，胡萝卜750克，生姜50克，香菜500克

制法 将水烧开投入芹菜、香菜、胡萝卜、野山椒、干辣椒、葱、生姜煮30分钟捞出杂物，加入生抽酱油、美极鲜酱油、蚝油、黄酒、骨味素、鸡粉调好味，淋上虾油、色拉油即成。

16. 蟹黄油

配方 猪油5000克，蟹黄1250克，蟹肉1250克

制法 锅内先加少量猪油烧热，投入蟹黄煸炒，然后下入蟹肉一起煸炒，一边炒一边加入猪油，炒至蟹黄、蟹肉呈金黄色即可。炒制时不能心急，小火慢炒，不然会发焦。

17. 炝汁

配方 汤皇250克，蚝油400克，清汤500克，酱油10克，鲜贝露200克，糖500克，香醋600克，葱姜标汁100克，香油150克，胡椒粉15克

制法 锅内加清汤、汤皇、蚝油、酱油、鲜贝露、糖、葱姜蒜汁、香醋、胡椒粉、香油烧开，调好味即成。

18. 茄汁

配方 番茄少司1000克，葱段、姜片、蒜片各25克，水淀粉25克，白糖500克，精盐10克，白醋20克，清汤800克，香油200克，色拉油300克

制法 锅内加上少量的色拉油烧开，放入葱段、姜片、蒜片炸出香味，拣去葱段、姜片、蒜片不用，投入番茄少司煸炒，再加入白糖、清汤、精盐、水淀粉、白醋烧沸，调好口味，淋上热油、香油即成。

19. 粉蒸酱

配方 葱姜汁100克，酱油10克，红腐乳20克，豆瓣酱20克，白糖10克，精盐2克，鸡粉2克，五香粉2克，葱、姜各6克，蒜头6克，红油100克，香油100克，炒米粉200克，色拉油适量

制法 锅上火，放入色拉油烧热，再投入葱、姜、蒜炝锅，出香味后，放入豆瓣酱、红腐乳、酱油、葱姜汁、白糖、鸡粉、五香粉、红油、香油、精盐调好味，再加炒米粉即成。

20. 红烧汁

配方 白芷50克，茴香20克，八角20克，香叶10克，丁香5克，当归25克，草果4个，肉蔻15克，高汤3000克，精盐10克，骨味素5克，白糖10克，豆瓣酱25克，鸡精25克，葱、姜、干辣椒各15克，蒜头25克，老抽15克

制法 把所有香料先用高汤煮成香汤汁（要用小火慢煮1~2小时）待用。锅内放入油烧热，下入葱、姜、蒜炝锅再放入豆瓣酱、干辣椒煸炒出香味后，加入煮好的香料汤汁、老抽、精盐、骨味素、鸡精，烧开后煮沸10分钟，调好味即成红烧汁。

21. 铁板汁

配方 黄酒100克，葱、姜各100克，酱油200克，蚝油200克，鱼露200克，白糖20克，鸡粉10克，精盐20克，胡椒粉10克，水淀粉100克，高汤1500克，香油300克，色拉油适量

制法 锅上火放色拉油，下葱、姜、蒜炝锅，放入高汤、酱油、蚝油、鱼露、白糖、鸡粉、胡椒粉、精盐，调好味，用水淀粉勾芡，淋上香油即成。

22. 卵石浇汁

配方 精盐5克，美极鲜酱油50克，生抽王250克，老抽酱油40克，鱼露150克，白糖10克，鸡粉10克，胡椒粉10克，高汤1000克，香油300克，水

淀粉 250 克，葱、姜、蒜各 50 克

制法 锅内放入色拉油，将葱、姜、蒜煸炒出香味，加入高汤、生抽王、老抽酱油、鱼露、美极鲜酱油、白糖、鸡粉、用水淀粉勾芡即成。

23. 黄汁

配方 老母鸡 3000 克，金华火腿 1500 克，猪精肉 2000 克，龙骨 6000 克，肉皮 1500 克，鸡爪 1000 克，胡萝卜 1000 克，南瓜 1000 克，黄瓜 500 克，芹菜 1000 克，色拉油 5000 克，水淀粉 100 克，陈皮 100 克，红花汁 100 克，姜、葱各 100 克

制法 金华火腿、老母鸡、猪精肉、龙骨、鸡爪、肉皮分别剁成块，放入沸水中煮熟捞出，用冷水洗干净，再投入色拉油锅炸成金黄色捞出，倒入不锈钢桶内，加陈皮、清水（3000 克），大火烧开后改用小火熬 8 小时，过滤取汤。胡萝卜、黄瓜、南瓜、芹菜放入蒸柜上蒸 30 分钟，取出沥干水分，放入烧至四成热的色拉油中用小火熬 30 分钟，再放入红花汁调拌均匀后过滤取油。将调好的汤和熬好的油放在一起再用小火烧 10 分钟后，用水淀粉勾芡即成。

24. 炝海蜇卤汁

配方 酱油 20 克，老抽酱油 8 克，鸡粉 5 克，香醋 18 克，白糖 5 克，生抽酱油 2 克，骨味素 5 克，精盐 2 克，蒜泥、葱花各 10 克，红油 10 克

制法 把酱油、老抽酱油、鸡粉、香醋、生抽酱油、精盐、骨味素、白糖、红油、蒜泥、葱花放在容器中调拌均匀即成。

25. 元宝虾卤汁

配方 麦芽糖 120 克，冰糖 200 克，喼汁 5 克，酱油 10 克，美极鲜酱油 5 克，白醋 100 克，大红浙醋 240 克

制法 锅内放入麦芽糖、冰糖、喼汁、酱油、美极鲜酱油、白醋、大红浙醋熬

成胶状即成。

26. 口水鸡料

配方 精盐150克，鸡精150克，白糖120克，芝麻酱250克，花生酱200克，香油500克，花椒油500克，美极鲜酱油500克，香醋250克，红醋250克，花椒粉150克，姜末100克，蒜泥150克，葱花100克，熟芝麻100克，熟黄豆粉50克，熟碎花生适量，辣椒油3000克

制法 把精盐、鸡精、白糖、芝麻酱、花生酱、香油、花椒油、美极鲜酱油、香醋、红醋、花椒粉、姜末、蒜泥、葱花、熟芝麻、熟黄豆粉、熟碎花生、辣椒油放入容器中，搅拌均匀调好味即成。

27. 脆皮糊

配方 面粉200克，生粉50克，水500克，鸡蛋清1只，色拉油75克，泡打粉10克

制法 将面粉、生粉、泡打粉、鸡蛋清、水一起放入容器中，搅拌均匀即成。

28. 浅色海鲜豉油

配方 白酱油500克，鱼露200克，淡二汤7500克，鱼骨500克，金华火腿骨500克，胡萝卜300克，香菜根300克，胡椒粒100克，骨味素60克，鸡精50克，白糖150克

制法 鱼骨洗净，放入锅中，金华火腿骨入沸水锅中氽一下捞出，一起放入锅中，加入淡二汤、胡萝卜、香菜根和胡椒粒（研碎），用大火烧开后，转用小火熬至汤汁还剩八成时，滤去料渣，加入白酱油、鱼露、骨味素、鸡精、白糖，等汤汁再烧沸后，撇净表面浮沫，起锅装入盛器内即成。

29. 奶白鱼汤

配方 活鲫鱼3000克，白酱油200克，虾仔50克，鳝鱼骨1000克，白胡椒粉25克，

精盐10克，骨味素5克，姜50克，香葱100克，黄酒50克，熟猪油300克，花生油150克

制法 先把鲫鱼、鳝鱼骨分别收拾干净，用油炸酥捞出，投入水中（水要没过原料）煮沸，加入各种味料用大火烧成白汤，捞渣过滤即成为奶白鱼汤。

30. 姜葱油

配方 姜泥2匙，葱白10克，精盐1茶匙，色拉油20克，葱花10克，鸡粉1茶匙

制法 将葱白、姜泥混合放在碗内，烧上滚烫的色拉油，加入葱花、精盐、鸡粉拌匀即成。

31. 白卤水味汤

配方 清水5000克，精盐200克，鸡粉50克，骨味素100克，黄酒400克，玫瑰露酒500克，老姜100克，冰糖150克，八角25克，桂皮50克，沙姜50克，香叶50克，甘草50克，花椒50克，陈皮50克，猪骨2000克，干贝100克，虾米50克，精肉1000克，金华火腿800克

制法 先把猪骨、火腿、精肉、干贝、虾米收拾干净放入锅中，加水、姜、葱煮沸，煲5小时成汤。将老姜、香料装入小布袋，放入沸水中，用慢火煲约2小时，加入汤、精盐、鸡粉、骨味素、黄酒，继续煲10分钟左右即成。

32. 砂锅汁

配方 蚝油20克，生抽酱油10克，老抽酱油10克，鲍鱼汁10克，烧汁5克，生粉5克，姜葱蒜汁10克，香油5克，胡椒粉5克，花雕酒20克，精盐8克，骨味素5克，色拉油50克

制法 将蚝油、生抽酱油、烧汁、鲍鱼汁、生粉、香油、胡椒粉、精盐、骨味素、葱姜蒜汁、花雕酒、色拉油一起倒入容器中，搅拌均匀即成。

33. 鸡汁酸梅酱

配方 鸡汤500克，白色捞面4克，酸梅酱100克，草莓酱30克，红酒5克，精盐12克，胡椒粉3克，香草粉少许

制法 锅内加入鸡汤烧开，加入红酒、酸梅酱、草莓酱、精盐、胡椒粉、香草粉调好口味，加入白色捞面搅拌均匀即成。

34. 五香汁

配方 酱油100克，白糖250克，精盐50克，八角5克，沙姜5克，丁香5克，桂皮5克，红曲汁50克，小茴香5克，骨味素5克，香油50克，色拉油50克

制法 将以上原料放入锅中，慢火熬至入味，去渣留汤即成。

35. 淮盐

配方 精盐500克，五香粉25克，沙姜粉15克，骨味素5克，鸡粉5克

制法 用中火烧热炒锅，放入精盐炒至烫手有响声端离火，倒入五香粉、骨味素、鸡精、沙姜粉拌匀即成。

36. 镇江醋汁

配方 镇江香醋100克，番茄酱40克，葱姜汁50克，白糖150克，精盐25克，水淀粉50克，香油50克，蒜末25克，色拉油25克

制法 锅内加色拉油烧热，放入蒜末炒出香味，再倒入以上原料烧开，勾上水淀粉，淋上香油即成。

四、鲁菜风味秘汁酱料调制技术

1. 清芡汁的调制

配方 菠菜1500克，上汤150克，骨味素10克，精盐10克，糖1克

制法 将菠菜去头洗净，放入砂盆内捣碎，用干白布拧干汁水，去掉渣滓，便

是菠菜汁，拌菜时，再将味料、汤汁和菠菜汁和匀，即可食用。

2. 新潮调味汁

配方 香菜籽、香葱籽各20克，丁香10克，香叶片4克，干辣椒20克，野山椒25克，虾脑浆15克，虾米10克，葱头、蒜蓉各10克，咖喱油15克，白糖5克，盐5克，酱油6克，骨味素2克

制法 将各种调料绞碎，置大火先将干辣椒、大蒜泥、葱头、香菜炒香后，随后下原料，炒匀淋沸后取出自然冷却。

3. 白芡汤

配方 二汤500克（牛肉熬制而成），盐40克，骨味素40克、白糖22.5克

制法 将以上调味料加热至沸即成。

4. 虾卤汁

配方 虾油2克，糖40克，芫荽、圆葱、姜片各50克，上汤100克，料酒25克、生抽50克、骨味素15克

制法 将芫荽、圆葱、姜片洗净，锅置火上加生抽，将三种原料炸出香味后加入虾油、料酒、糖、上汤、骨味素，烧沸为止，滤渣去沫即成。

5. 卤水汁

配方 八角75克，桂皮100克，甘草40克，草果、丁香、沙姜、陈皮各25克，罗汉果1个，花生油40克，姜块100克，长葱条250克，生抽王400克，绍酒300克，白糖150克，清水100克，红曲粉150克

制法 将八角、桂皮、甘草、丁香、沙姜、陈皮、罗汉果放入小布袋内扎紧。用中火加热瓦煲，放花生油、姜块、长葱条爆香，放入清水、生抽、绍酒、白糖、药袋及红谷米袋同时煮至微沸、转用小火煮30分钟，捞出姜、葱、撇去面上浮沫即可。

6. 精卤水

配方 八角75克，桂皮100克，甘草100克，草果25克，丁香25克，沙姜25克、陈皮25克，罗汉果1个，花生油200克，姜块100克，长葱条250克，生抽500克，绍兴酒250克，冰糖100克，红曲米150克，白芷30克，荜菝20克，红肉蔻30克，砂仁20克，花椒10克，黑椒40克，香叶10片，山柰10克，干红椒50克，姜块50克

制法 将八角、桂皮、甘草、草果、丁香、沙姜、陈皮、罗汉果一起放入一个布袋内扎紧，加取一口袋放入红曲米扎紧。瓦煲用中火烧热，下花生油加姜块、长葱结煸香烹绍酒，加入生抽、冰糖、药袋、红曲米，一同烧至微沸，再用小火煮30分钟，去掉姜块、葱条，打去汤面上的浮沫即成。

7. 鱼汁

配方 干葱头150克，芫荽根10克，冬菇伞柄250克，姜片50克，生抽600克，老抽200克，骨味素100克，美极鲜酱油200克，白糖60克，胡椒粉少许，香油15克，鲜汤700克

制法 先将干葱头炒至起色，然后加芫荽根及冬菇柄，用沸水稍烫取出，加汤慢火熬至约半小时，过滤去渣，加入所有味料煮至溶解便成。

8. 五香汁

配方 酱油25克，白糖15克，料酒15克，骨味素4克，鸡精10克，食盐5克，葱姜各20克，花椒12克，茴香25克，桂皮10克，糖色适量，老抽10克，鸡汤450克

制法 将以上调味料调匀加热制作成汤，过滤即成。

9. 麻酱料汁

配方 芝麻酱200克，冷开水100克，香油50克，花椒5~6粒，虾油70克，

红酱油 40 克，红辣椒油 30 克，骨味素 8 克，香菜末、葱末各 100 克

制法 将芝麻酱用冷开水调匀成糊状，另将香油 50 克放锅中烧热，放花椒炸成焦褐色，捞出，使之成花椒油，倒入芝麻酱糊中，加虾油、红酱油、红辣椒油、骨味素、香菜末、葱末，调匀即成。

10. 蒜泥味汁

配方 大蒜 20 克，芹菜 20 克，香葱 10 克，清汤 20 克，精盐 3 克，红酱油 20 克，香醋 5 克，骨味素 5 克，鲜味宝 3 克，鸡精 3 克，红油 20 克，大料油 5 克，香油 2 克

制法 将大蒜加少许精盐捶成泥，芹菜切成末，香葱切成葱花。取调味钵倒入清汤，放入蒜泥、芹菜末、葱花、精盐、鲜味宝、骨味素、鸡精，调散后再加入红酱油、香油、大料油、红油、香醋，调制均匀即成。

11. 糟醉汁

配方 精盐 2 克，醪糟 4 瓶，白糖 200 克，清水 1000 克，白醋 250 克，高度白酒 50 克

制法 将 1000 克清水加入精盐、白糖熬成糖水，放凉备用。将放凉的糖水调入醪糟、高度白酒、白醋即成糟醉汁。

12. 酱香味汁

配方 姜 20 克，清汤 500 克，精盐 5 克，骨味素 5 克，鸡精 5 克，白糖 5 克，蚝油 20 克，花生酱 30 克，红酱油 10 克，色拉油 100 克，八角 2 粒，香叶 5 片，香油 20 克

制法 姜切成片，八角、香叶用水泡软。炒锅上火倒入油烧至六成热，下姜片、香料煸香，再倒入清汤，调入精盐、骨味素、鸡精、白糖、蚝油、花生酱、复制红酱油、香油调制均匀即成。

13. 甜辣汁

配方 大蒜20克，香葱10克，清汤50克，精盐20克，骨味素10克，鸡精20克，大料油20克，糊辣油30克，番茄酱300克，蒜蓉酱50克，辣椒仔1瓶，鸡酱300克，桂林酱250克

制法 将大蒜加少许香油捶成泥，香葱切细。取一调味钵倒入清汤、精盐、骨味素、鸡精、蒜泥化开，再放入鸡酱、桂林酱、番茄酱、蒜蓉酱、辣椒仔调匀，浇上大料油、糊辣油，调均匀撒葱花即成。

14. 葱椒汁

配方 小葱50克，蒜10克，姜10克，鲜花椒30克，清汤20克，精盐10克，骨味素5克，鸡精5克，白酱油10克，香油5克，糊辣油10克，姜葱油15克，鲜花椒油5克

制法 将小葱、大蒜、姜、鲜花椒、清汤放入打汁机内打成汁，浸泡5小时后，打去渣，留汁待用。取一个调味钵，倒入鲜花椒汁，加入精盐、骨味素、鸡精、白酱油、香油、糊辣油、姜葱油、鲜花椒油调匀即成。

15. 冷炝汁

配方 姜20克，大蒜10克，大葱20克，精盐5克，骨味素10克，鸡精5克，干花椒5克，干海椒15克，姜葱油50克，香油5克，花椒油10克

制法 1. 将干海椒剪成段，去籽和干花椒用水泡软。

2. 将要冷炝的菜肴拌入精盐、骨味素、鸡精、香油、花椒油待用。

3. 炒锅上火，加入姜葱油烧烫，将姜蒜切片，大葱切段放入油中，再加泡软的干花椒、海椒煸出香味，趁热倒入拌好味的原料中密封半小时，即成冷炝味的菜肴。

16. 老醋汁

配方 老姜15克，青椒10克，红椒10克，精盐5克，骨味素5克，白糖5克，

鸡精 10 克，美极鲜酱油 15 克，白酱油 40 克，蒜醋 50 克，糊辣油 20 克，香油 10 克，辣椒仔 15 克

制法 将老姜、青椒、红椒切成细丝，用清水浸泡。取一调味钵，倒入白酱油、蒜醋，调入精盐、骨味素、白糖、鸡精、美极鲜酱油、香油、辣椒仔调匀，浇入拌制菜肴内，浇上糊辣油、撒上姜、青红椒丝即成。

17. 三合油味汁

配方 蒜蓉 50 克，红酱油 100 克，香油 75 克，清汤 100 克，米醋 100 克，鸡粉 30 克，精盐 10 克，糊辣油少许

制法 取一调味钵，倒入清汤，加入红酱油、香油、米醋、蒜蓉、鸡粉、精盐、糊辣油调拌均匀即成。

18. 香油蒜味汁

配方 蒜泥 80 克，香油 100 克，美极鲜酱油 30 克，清汤 100 克，精盐 10 克，骨味素 10 克，葱油 50 克

制法 炒锅上火，加葱油烧热，下蒜泥煸炒出香味，放凉备用。取一调味钵，倒入清汤，调入香油、美极鲜酱油、精盐、骨味素、煸好的蒜泥搅拌均匀即成。

19. 鱼露味汁

配方 姜、葱、蒜蓉各 10 克，鱼露 10 克，生抽 30 克，黄酒 5 克，美极鲜酱油 10 克，白糖 8 克，骨味素 8 克，鸡精 10 克，鲜汤 100 克

制法 将鱼露、生抽、黄油、美极鲜酱油、白糖、骨味素、鸡精和鲜汤一起调匀即成。

20. 酸辣汁

配方 陈醋 15 克，生抽酱油 15 克，辣油 20 克，辣椒末 10 克，蒜蓉 5 克，姜末 5 克，香油 5 克，骨味素 3 克，白糖 1 克

制法　将上述原料充分拌匀即成。

21. 香辣汁

配方　辣椒末200克，八角粉10克，辣油50克，蒜蓉10克，精盐5克，骨味素6克，香油5克，精油250克

制法　将辣椒末、八角粉、蒜蓉、精盐、骨味素放入碗中拌匀，将精油烧热，淋入碗中充分拌匀原料，加入辣油、香油即成。

22. 三杯汁

配方　生抽250克，香醋180克，豆瓣酱100克，冰糖250克，黄酒250克，鸡精100克，蒜蓉5克，陈皮蓉5克，紫苏叶10克，甘草5克，花生油50克

制法　用油将蒜蓉、陈皮蓉爆香，将其余原料加入锅内煮溶，捞去渣即成。

23. 虾露汁

配方　西芹250克，洋葱200克，香葱100克，香菜梗50克，干贝50克，鱼骨250克，清水3000克，蒜蓉25克，辣椒圈25克，料酒50克，生抽酱油500克，老抽酱油250克，美极鲜酱油100克，骨味素100克，鸡精60克，白糖50克，鱼露25克，花生油50克，香油20克

制法　将西芹、洋葱、香葱、香菜、干贝、鱼骨放入锅中，加上清水熬汤，去渣留汤2000克，将蒜蓉、辣椒圈放入油中爆香，加入汤、料酒、生抽酱油、老抽酱油、美极鲜酱油、骨味素、鸡精、白糖、鱼露、香油煮沸调匀即成。

24. 酱香五味汁

配方　桂林辣椒酱100克，辣妹子酱100克，自制辣椒酱250克，泰椒碎250克，陈醋100克，白醋50克，精盐50克，骨味素50克，鸡精50克，白糖500克，蒜蓉10克，姜末10克，洋葱末10克，料酒50克，花生油750克

制法 用少许油将蒜蓉、姜末、洋葱末爆香再放入料酒、桂林辣椒酱、辣妹子酱、自制辣椒酱、泰椒碎爆香，放入剩余花生油煮沸，调味，出锅前放入陈醋、白醋拌匀即成。

25. 香糟汁

配方 红米糟300克，冰糖100克，香槟酒75克，浙醋150克，玫瑰露酒25克，鸡精10克，精盐3克，绍酒50克，清水250克

制法 先将清水、冰糖、红米糟煮溶，滤渣留汁，放入剩余原料调匀即成。

26. 高汤料

配方 瘦肉5000克，老鸡2500克，金华火腿1500克，骨味素75克，清水25000克

制法 将瘦肉、老鸡炸透，放入清水锅中，加入火腿、骨味素，用猛火烧沸，改用小火煲约10小时沥渣留汤，即成高汤（约4000克）。

27. 顶汤料

配方 肉排1500克，瘦肉5000克，老鸡2500克，金华火腿1500克，鸡脚1000克，清水12000克

制法 将所有原料放入清水锅中，用猛火烧滚，改用小火煲熬8小时沥渣，留汤（约7500克）即成。

28. 上汤料

配方 脊骨5000克，瘦肉2500克，猪脚2500克，猪皮1500克，清水25000克

制法 将所有原料放入清水中滚煮5小时即成。

29. 淡汤料

配方 猪筒骨2500克，瘦肉500克，老鸡500克，清水2500克

制法 将所有原料放入锅中煮4小时即成。

30. 胶东醉蟹汁

配方 水10000克，老抽（海天）1000克，生抽500克，葱200克，姜400克，精盐200克，骨味素400克，鸡粉适量，白糖100克，胡椒粉50克，花椒50克，八角、香叶、桂皮、茴香籽、丁香、草果各适量，二锅头酒1000克，花雕酒1500克，玫瑰露酒100克

制法 锅上火先把水烧开，把上述各料（二锅头酒、花雕酒、玫瑰露酒除外），依次放入锅中熬开晾凉，再把二锅头酒500克、花雕酒、玫瑰露酒倒入搅匀即成。在腌蟹时先取二锅头酒500克，把蟹子醉倒，再放入汁中腌渍15天左右。

31. 蜜汁

配方 柠檬汁100克，蜂蜜300克，白醋100克，香槟1瓶，精盐3克

制法 将上述原料放入一个调味钵中调匀即成。

32. 老济南红卤水汁

配方 高汤30000克，生抽500克，洋葱、胡萝卜、西芹、青椒、香菇各100克，老抽100克，葱、姜各500克，香料袋（白芷、草蔻、八角、香叶、桂皮、陈皮、良姜、草果各15克，肉蔻、丁香、小茴香各5克），鸡粉100克，精盐150克，绵白糖、冰糖各50克，骨味素150克，胡椒粉50克，绍酒500克

制法 锅上火，放入葱油、香葱、姜、洋葱、青椒煸出香味，然后放入高汤、绍酒、生抽、老抽、绵白糖、胡萝卜、西芹、胡椒粉、鸡粉、香料袋、香菇、海米烧沸，熬制20分钟即成。

33. 清蒸汁

配方 水500克，味极鲜酱油50克，生抽15克，鱼露30克，骨味素50克，白

糖20克，鸡粉30克，香菜20克，葱姜汁40克，青辣椒2个，西芹30克

制法 净锅上火加水烧开，加入美极鲜酱油、生抽、鱼露、白糖、骨味素、鸡粉、葱姜汁、香菜、青辣椒、西芹熬制20分钟，捞出余料即成。

34. 齐鲁酥鱼汁

配方 洛口醋4瓶，老抽100克，生抽200克，美极鲜酱油100克，葱姜蒜各200克，香叶20克，八角20克，小茴香15克，白糖400克，骨味素25克，青辣椒25克，葱油100克，黄河鲤鱼8条

制法 净锅上火，放入葱姜蒜垫底，再放入香叶、八角、小茴香，依次放入洛口醋、生抽、美极鲜酱油、白糖、老抽、骨味素、青辣椒，把鱼放在上面，汁刚好没过鱼，小火慢炖5~6小时，汁将尽即成。

35. 老济南白卤水汁

配方 高汤2000克，小茴香15克，八角8克，白芷10克，良姜15克，陈皮10克，葱40克，姜50克，精盐50克，骨味素80克，白酱油50克

制法 将小茴香、八角、白芷、良姜、陈皮用纱布包好。取一个不锈钢桶，加入高汤、葱、姜、精盐、骨味素、白酱油，然后放入包好的药包，熬制20分钟即成。

36. 白灼汁

配方 水1000克，生抽300克，美极鲜酱油20克，鱼露15克，老抽50克，骨味素50克，绵白糖10克，胡椒粉10克，鸡粉10克，葱油40克，香菇15克，姜15克，葱15克，洋葱20克，香菜10克，胡萝卜20克，西芹15克，青辣椒20克，海米15克

制法 锅上火，放入葱油，煸香葱、姜、洋葱、胡萝卜、西芹、青辣椒，然后放美极鲜酱油、生抽、鱼露、老抽、水、绵白糖、胡椒粉、鸡粉、香菇、海米烧沸，熬20分钟即成。

37. 竹香鲽鱼头酱

配方 阳江豆豉8盒，沙茶酱3瓶，柱侯酱1瓶，海鲜酱1瓶，美极鲜酱油500克，生抽300克，蒜蓉200克，骨味素50克，鸡粉50克，胡椒粉20克，料酒200克

制法 将阳江豆豉剁碎、炒香，取一干净调味钵，然后依次放入沙茶酱，柱侯酱、海鲜酱、美极鲜酱油、生抽、蒜蓉、骨味素、鸡粉、胡椒粉、料酒调匀即成。

38. 葱椒泥

配方 章丘大葱500克，花椒50克，精盐15克，骨味素20克，美极鲜酱油50克，洛口醋10克，水适量

制法 把花椒用温水泡30分钟后与大葱一起剁细，然后加精盐、骨味素、美极鲜酱油、洛口醋调匀即成。

39. 葱姜油

配方 花生油1500克，大葱100克，姜100克，洋葱50克，香菜25克，干葱20克，八角10克，香葱15克

制法 将葱姜拍碎，洋葱改刀，干葱切碎，锅上火，倒入花生油，依次加入葱、香葱、姜、洋葱、香菜、干葱、八角，慢煒30分钟，捞出原料即成。

40. 葱姜汁

配方 大葱500克，姜500克，水1000克，骨味素50克，精盐29克，米酒100克

制法 将葱、姜拍碎，放入骨味素、精盐揉搓，再放入米酒、水搓匀，最后捞出余料即成。

41. 花椒油

配方 熟猪油500克，花生油1500克，香油300克，花椒300克，葱300克，

姜100克，洋葱150克

制法 锅上火，倒入熟猪油、花生油、香油，再依次加入花椒、葱、姜、洋葱，用小火炸成金黄色，把葱、姜、花椒捞起即成。

42. 爆炒腰花汁

配方 洛口醋150克，老抽50克，美极鲜酱油30克，南酒30克，胡椒粉10克，骨味素20克，精盐5克，糖30克，香醋10克，清汤50克

制法 取一个调味钵，依次加入洛口醋、老抽、美极鲜酱油、南酒、胡椒粉、骨味素、精盐、糖、香醋等原料搅拌均匀即成。

43. 剁椒酱

配方 红鲜辣椒300克，八宝豆豉200克，葱、姜、蒜米各30克，红油50克，鱼露15克，瑶柱汁20克，鸡粉15克，骨味素15克，蚝油10克，葱油20克，美极鲜酱油15克

制法 将八宝豆豉剁碎、红鲜椒改刀成圈。净锅上火，放入葱油、红油，将葱、姜、蒜米、八宝豆豉，红椒圈煸出香味后依次放入鱼露、瑶柱汁、美极鲜酱油、蚝油、骨味素、鸡粉搅拌均匀，炒出香味即成。

44. 醋姜汁

配方 洛口醋300克，镇江香醋50克，姜末50克，香油3克，美极鲜酱油1.5克，绵白糖5克

制法 取一个调味钵，放入洛口醋、香醋、姜末、香油、美极鲜酱油、绵白糖调拌均匀即成。

45. 浓汁

配方 高汤2000克，鸡汁50克，骨味素80克，精盐5克，乙基麦芽酚2克，胡萝卜油50克，熟南瓜100克，湿淀粉40克

制法 净锅上火，加入高汤、鸡汁、骨味素、精盐、乙基麦芽酚、熟南瓜制成泥，放入胡萝卜油，充分搅匀，捞出余渣，用湿淀粉勾芡即成。

46. 香辣油

配方 色拉油2000克，花生油1000克，干小辣椒300克，泡椒300克，香叶100克，八角50克，小茴香50克，花椒30克，陈皮15克，白豆蔻5克，辣椒面500克，大葱100克，姜片50克，紫草300克

制法 将干小辣椒泡软，用绞肉机绞碎，泡椒剁碎。取不锈钢桶，加入色拉油、花生油烧至五成热，加入葱、姜、香叶、八角、小茴香、花椒、陈皮、白豆蔻、紫草、辣椒面，用小火熬40分钟即成。

47. 胶东烧烤辣酱

配方 蒜蓉辣酱300克，美极鲜酱油15克，泡椒20克，糖5克，骨味素15克，熟芝麻20克，孜然面15克，蒜蓉20克

制法 取一个调味钵，放入蒜蓉辣酱、美极鲜酱油、泡椒、糖、骨味素、熟芝麻、孜然面、蒜蓉调匀即成。

48. 济南生炒鸡香料

配方 八角5克，小茴香6克，白豆蔻3克，胡椒5克，草果3克，丁香2克，肉蔻3克，香叶5克，桂皮3克，白芷2克，沙姜粉6克，陈皮3克

制法 净锅上火，放入八角、小茴香、白豆蔻、胡椒、草果、丁香、肉蔻、香叶、桂皮、白芷、陈皮、草果、沙姜粉，用小火焙黄，然后再把各香料碾碎即成。

49. 烧海参汁

配方 上汤100克，骨味素15克，鸡汁2克，精盐3克，蚝油5克，瑶柱汁10克，老抽5克，湿淀粉20克，葱油5克

制法 净锅上火，加上汤、骨味素、鸡汁、精盐、蚝油、瑶柱汁、老抽烧开，用湿淀粉勾芡即成。

50. 老虎酱

配方 欣和面酱 100 克，骨味素 15 克，绵白糖 30 克，白蒜泥 15 克，美极鲜酱油 10 克，蚝油 5 克

制法 取一个调味钵，放入面酱、骨味素、绵白酱、白蒜泥、美极鲜酱油、蚝油调匀即成。

51. 胶东家常焖鱼汁

配方 欣和面酱 50 克，高汤 1500 克，美极鲜酱油 20 克，葱油 50 克，醋 5 克，八角 5 克，糖 10 克，骨味素 15 克，葱、姜片各 10 克，八角 3 克，蒜片 20 克，干辣椒节 3 克，老抽 5 克，海天蚝油 10 克

制法 锅上加葱油、干辣椒节、八角、葱片、姜片、蒜片煸香，放面酱、烹醋，加高汤、美极鲜酱油、糖、骨味素、老抽、蚝油熬干即成。

52. 胶东烧鱼汁

配方 欣和面酱 25 克，高汤 1000 克，美极鲜酱油 30 克，醋 5 克，八角 5 克，糖 15 克，骨味素 15 克，葱、姜片各 15 克，蒜片 20 克，老抽 5 克，海天蚝油 10 克，猪油 20 克，葱油 30 克

制法 锅上火加猪油，煸放八角、葱片、姜片、蒜片，煸香放面酱烹醋、高汤、美极鲜酱油、糖、骨味素、蚝油熬开即成。

53. 黄豆酱

配方 黄豆面酱 100 克，美极鲜酱油 15 克，绵白糖 5 克，五香面 2 克，葱油 10 克

制法 取一个调味钵，放入黄豆面酱、美极鲜酱油、绵白糖、五香面，葱油调匀即成。

54. 海鲜豆豉酱

配方 海鲜酱1瓶，阳江豆豉5盒，柱侯酱1瓶，陈皮末5克，白糖10克，蒜蓉15克，花生酱15克，蚝油10克，葱油50克，美极鲜酱油30克

制法 锅上火加入葱油、蒜蓉煸香，放入豆豉（剁碎）、海鲜酱、柱侯酱、陈皮末、花生酱、蚝油、美极鲜酱油、白糖炒出香味即成。

55. 鲜椒酱

配方 鲜辣椒400克，麻汁酱15克，美极鲜酱油10克，精盐5克，糖3克，骨味素15克，香油10克

制法 鲜辣椒蒸熟制泥。取一个调味钵，放入鲜椒泥、麻汁酱、美极鲜酱油、精盐、糖、骨味素、香油调匀即成。

56. 香辣酱

配方 花生酱50克，沙茶酱5瓶，蒜蓉辣酱1瓶，海鲜酱1瓶，精盐5克，骨味素20克，糖15克，美极鲜酱油30克，青洋辣酱30克，红油30克，葱油30克，蒜蓉50克

制法 净锅上火，加入红油、葱油、蒜蓉煸香，放入花生酱、沙茶酱、蒜蓉辣酱、海鲜酱、精盐、骨味素、糖、美极鲜酱油、青洋辣酱炒出香味即成。

57. 高汤豆花汁

配方 麻汁15克，酱油50克，葱油20克，花椒5克，八角3克，骨味素5克，韭花酱3克，红油5克，辣椒面2克，鸡粉5克，水适量

制法 锅上火，放酱油、水、八角、花椒、骨味素、鸡粉熬4~5分钟。另取一锅上火加葱油，煸辣椒面，倒入熬好的酱油，最后放韭花酱和红油即可。

58. 金汁

配方 鸡浓汤500克，骨味素15克，鸡汁10克，鸡油10克，金南瓜泥（蒸熟制蓉）

20克，乙基麦芽酚1克，胡萝卜油5克，湿淀粉25克

制法 净锅上火，加入鸡浓汤、骨味素、鸡汁、鸡油、金南瓜泥、乙基麦芽酚、胡萝卜油烧开，漏净料渣，湿淀粉勾芡即成。

59. 豆花汁

配方 本地产麻汁20克，黄豆酱油10克，红油5克，骨味素5克，本地韭花酱5克，辣椒3克，花椒、八角、水适量

制法 炒锅放于火上，倒入酱油、水、八角、花椒烧开，即成酱汁，放凉待用。将辣椒放入锅内煸出香味，压细待用。取一盅碗，放入麻汁、韭花酱，倒入酱汁、红油、辣椒调拌均匀即成。

60. 胶东海鲜辣根汁

配方 辣根10克，白醋15克，盐2克，骨味素2克，绵白糖1克，葱油1克

制法 取一个调味钵，把上述调料依次加入调匀即可。

61. 海鲜醇香汁（凉拌菜）

配方 老陈醋50克，香醋5克，美极鲜酱油5克，骨味素5克，绵白糖5克，蒜末4克

制法 取一调味钵，放蒜末，倒入白醋搅匀，依次加入老陈醋、香醋、美极鲜酱油、骨味素、绵白糖拌匀即可。

62. 红卤作料汁

配方 洛口醋50克，美极鲜酱油10克，香菜末10克，香油2克

制法 取一调味钵，依次放入洛口醋、美极鲜酱油、香油、香菜末搅拌均匀即可。

63. 蒜泥麻酱汁

配方 蒜仔50克，麻汁30克，味达美20克，骨味素5克，香油5克，精盐适量

制法 将蒜仔加盐砸成泥后，放味达美、骨味素、麻汁、香油调匀即可。

64. 口香汁

配方 牛油50克，干葱25克，蒜蓉、青红椒末各20克，米酒10克，西芹末40克，黑胡椒碎10克，喼汁5克，牛尾汤50克

制法 净锅上火，加牛油、干葱、蒜蓉、黑胡椒碎，煸炒出香味，然后下入青红椒末、米酒、西芹末、喼汁、牛尾汤熬开即可。

65. 香蚝汁

配方 蚝油200克，生抽酱油10克，瑶柱汁15克，老抽酱油3克，骨味素10克，海鲜酱20克，香醋15克，胡椒粉5克，鸡粉5克，蒜蓉20克，绵白糖30克

制法 取一调味钵，依次放入蚝油、生抽酱油、瑶柱汁、老抽酱油、绵白糖、骨味素、海鲜酱、香醋、鸡粉、蒜蓉搅匀即可。

66. 火锅底汤

配方 葱姜油300克，花生油500克，牛油800克，阳江豆豉150克，郫县豆瓣酱200克，干辣椒300克，泡椒蓉100克，醪糟1瓶，红灯笼椒100克，葱、姜、蒜泥各100克，花椒200克，八角15克，桂皮10克，丁香5克，草果20克，豆蔻20克，香叶20克，小茴香25克，砂仁30克，胡椒50克，豆腐乳1瓶，二锅头酒50克

制法 取一个不锈钢盆放入二锅头酒、花椒、八角、桂皮、丁香、草果、豆蔻、香叶、小茴香、砂仁等香料用温水浸泡2小时捞出控净水分备用。阳江豆豉炒干剁碎，郫县豆瓣剁细，干辣椒用温水浸泡剁碎，灯笼椒改成块，豆腐乳碾碎。净锅上火加葱姜油、花生油、牛油、豆豉、香叶、小茴香、砂仁等原料，小火熬制30分钟，最后加泡椒蓉、醪糟、豆腐乳再熬制2分钟即可。

67. 烧烤酱

配方 孜然酱50克，辣椒面10克，桂林辣酱30克，熟芝麻15克，香油15克，色拉油200克，精盐40克，美极鲜酱油15克，香叶10克，小茴香15克

制法 净锅上火放色拉油烧至三成热时离火，加入孜然酱、辣椒酱、桂林辣酱、熟芝麻，香油、美极鲜酱油、香叶、小茴香小火熬制5分钟即可。

68. 虾子卤汁

配方 虾子酱油10克，白糖3克，蚝汁酱油5克，洋葱片120克，姜片40克，香菜30克，色拉油50克，鲜汤500克，鸡精4克，虾子8克，绍酒8克

制法 锅放在火上，加色拉油烧热，下洗净的洋葱片，炸出香味后捞出，加入香菜、虾子酱油、白糖、蚝汁酱油、鲜汤、鸡精、虾子烧开，晾凉备用。将虾子加葱、姜、绍酒上屉蒸熟，晾凉后用刀背压成颗粒状，加入上述原料中，使用时注意搅匀。

69. OK汁

配方 番茄500克，洋葱250克，蒜头50克，苹果酱250克，瓶装柠檬汁75克，橙汁25克，蚝油100克，茄子100克，高汤1500克，白糖200克，精盐160克，花生油100克

制法 将番茄、洋葱切碎，蒜头剁成末备用。将锅烧热，放入花生油，将蒜头末和洋葱、番茄下锅炒香，装入大煲中，下入提前熬好的高汤，用慢火熬制半小时后滤出洋葱、番茄和蒜头末，将高汤倒回煲中，加入苹果酱、柠檬汁、橙汁、蚝油、茄汁、白糖、精盐上炉烧开调匀即成。

70. 蒜蓉麻汁酱

配方 麻汁（芝麻酱）1瓶，桂林辣酱1/3瓶，红醋200克，白糖40克，精盐、骨味素、蒜蓉、凉开水各适量

制法 麻汁倒入不锈钢容器中，分多次加入红醋搅匀，再加入桂林辣酱、白糖、

精盐、骨味素及适量凉开水，搅至发稠且浓度合适时即可。把调好的酱料用保鲜膜封住，放入冰箱内保存，做菜时，加入适量蒜蓉搅匀即成。

71. 虾卤汁

配方 虾油2克，糖40克，香菜、洋葱、姜片各50克，上汤100克，料酒25克，生抽50克，骨味素15克

制法 将香菜、洋葱、姜片洗净，锅置于火上，加生油烧热，将三种原料炸出香味，放入虾油、料酒、糖、上汤烧沸，滤渣，去沫，加入骨味素即成。

72. 精卤水

配方 八角75克，桂皮100克，甘草100克，草果25克，丁香25克，沙姜25克，陈皮25克，罗汉果1个，花生油200克，姜块250克，长葱条250克，生抽500克，绍兴酒250克，冰糖100克，红曲米250克，白芷30克，荜拨20克，红肉蔻30克，砂仁20克，花椒10克，上汤10000克，黑胡椒40克，香叶10片，干红椒50克，姜块50克

制法 八角、桂皮、甘草、草果、丁香、沙姜、陈皮、罗汉果等香料装进一个口袋中，扎好袋口，另用一个口袋盛红曲米，捆牢口袋备用。用中火把瓦煲烧热，下花生油，加姜块、葱条烹出香味，放入上汤、生抽、绍兴酒、冰糖、药袋及红曲米袋一同烧到微沸，再用小火煮30分钟，去掉姜块、葱条，撇去汤面上的泡沫即成。

73. 卤水汁

配方 八角75克，桂皮100克，甘草40克，草果25克，丁香25克，沙姜25克，陈皮25克，罗汉果1个，花生油40克，姜块100克，长葱条250克，生抽王400克，绍酒300克，白糖150克，上汤10000克，红曲米150克

制法 将八角、桂皮、甘草、草果、丁香、沙姜、陈皮、罗汉果放进一小布袋，扎好袋口。用中火加热瓦煲，放入花生油，加姜块和长葱条爆香，放入

上汤、生抽王、绍酒、白糖、药袋及红曲米袋，同时煮至微沸，转用小火煮30分钟，捞出姜、葱，撇去上面的浮沫即成。

五、浙江风味秘汁酱料调制技术

1. 蒸火腿汁

配方 净瘦火腿500克，上汤1000克

制法 将熟火腿盛于瓦钵，加汤500克，蒸烂即成。

注 此汁最好选用陈年的火腿，蒸制时一次性加足水，不可二次加水。

2. A级剁椒汁（用于制作剁椒鱼头）

配方 大红椒50克（切大片或丁均可），郫县豆瓣炒汁25克，蒜蓉辣酱15克，宁波雪菜汁25克，广东野山椒汁20克，蒜蓉20克，泡姜末20克，鱼泡椒50克，干椒末15克，白糖15克，鸡精10克，骨味素5克，胡椒粉2克，红油25克，鲜姜末10克，猪油25克，绍酒15克

制法 勺中加猪油、泡椒末、蒜蓉、泡姜末、鲜姜末炒香，再下郫县豆瓣汁、雪菜汁、野山椒汁、烧沸后加蒜蓉辣酱，白糖、鸡精、骨味素、绍酒调味，再加红油放置到洁净的桶内保存，现用现盛。勺中再加猪油爆香（140℃）下大红椒片（丁）（略浸泡）捞出和以上调味汁浇到鱼头上入笼蒸制。

3. 剁椒汁（主料1500克）

配方 猪油150克，洋葱末50克，野山椒末30克，京葱末50克，香葱末50克，姜末50克，鱼泡椒末75克，灯笼椒末50克，蒜蓉辣酱25克，红干椒末15克，大红椒片150克，辣油50克，雪菜汁100克，小葱花25克，酒40克（20克用来腌渍），盐15克，白糖25克，骨味素30克，米醋5克，海鲜精20克，胡椒粉3克

制法 锅烧热下辣油，下入大红椒慢慢加热泡油，捞起沥油。锅中加入猪油，

烧热加入各种原料爆香烹入料酒调味，再加入泡油的大红椒拌匀。

4. 花雕醉汁

配方 陈年花雕酒250克，枸杞10克，姜汁10克，精盐5克，胃味素6克

制法 将花雕酒加热，放入其余原料调匀即成。

5. 酸梅酱

配方 酸梅250克，陈醋100克，白糖20克

制法 将酸梅去核打成蓉，加入陈醋、白糖充分拌匀至白糖溶化即成。

6. 干岛汁

配方 卡夫奇妙酱100克，茄汁100克，忌廉5克，柠檬汁5克，西芹蓉10克

制法 将上述原料放入碗中拌匀即成。

7. 火腿汁

配方 瘦火腿500克，上汤1000克，生姜50克，精盐20克，鸡精30克

制法 将火腿加入上汤、生姜，入蒸柜蒸4小时，取出汤汁，调入精盐、鸡精即成。

8. 老醋花生汁

配方 白醋500克，白糖50克，冰糖50克，酸梅汁20克，精盐5克，番茄酱100克，OK汁15克，喼汁30克，红椒2个

制法 净锅上火，依次加入上述原料，用中火熬制15~20分钟即可。

9. 桂花蜜汁

配方 柠檬汁10克，蜂蜜30克，白醋10克，冰糖5克，桂花酱30克

制法 取一调味钵，倒入白醋和冰糖，使其充分溶解，然后倒入柠檬汁、蜂蜜、桂花酱搅拌均匀即可。

六、京味秘制酱料调制技术

1. 甜酱味汁

配方 甜面酱200克，大料油100克，花生酱100克，白糖30克，清汤200克，骨味素10克

制法 将锅上火，加入甜面酱、大料油、清汤，用小火熬香，放凉后调入花生酱、白糖、骨味素搅拌均匀即成。

2. 蒜蓉蒸酱

配方 蒜肉500克，精盐80克，鸡精20克，葱白50克，骨味素80克，白糖20克，胡椒粉5克，精油1000克

制法 将蒜肉剁成蓉，用清水洗净，用白布压干水分，取200克蒜蓉炸成金黄色沥油，放入盆中，调入精盐、鸡精、骨味素、白糖、胡椒粉，再放入剩余蒜蓉、葱白。锅内放入精油烧热，将油淋入盆中，边淋边用竹筷搅拌，拌至味料溶化即成。

3. 碎椒蒸酱

配方 野山椒250克，酱脆椒250克，泰椒50克，蒜蓉100克，精盐25克，骨味素15克，鸡精10克，胡椒粉5克，料酒50克，精油1000克

制法 将野山椒、酱脆椒、泰椒分别剁成蓉。锅内放精油500克烧热，下蒜蓉爆香，放入料酒、野山椒蓉、酱脆椒蓉炒香，装入盆中，放入泰椒、精盐、骨味素、鸡精、胡椒粉调味，将剩余精油烧热淋入盆中，拌至味料溶化即成。

4. 京酱

配方 柱侯酱600克，海鲜酱400克，番茄酱100克，花生酱250克，芝麻酱250克，姜汁酒100克，白糖800克，蒜蓉150克，香油50克，精油500克

制法 将蒜蓉爆香，淋入姜汁酒，放入剩余原料煮沸至白糖溶化，淋入香油即成。

5. 涮羊肉酱

配方 豆腐乳4000克，韭菜花7000克，白糖400克，花生酱2500克，水2500克，原汁1500克

制法 把豆腐乳、韭菜花分别放入容器中，各自打成泥，加入白糖使之溶化。花生酱加水慢慢搅拌，再加原汁、豆腐乳汁、韭菜花汁一起拌匀即成。

6. 烤鸭酱

配方 甜面酱500克，香油50克，白糖25克，八角、桂皮、葱、姜各少许

制法 将八角、桂皮、葱、姜加水煮成汁。锅内加入油烧热，倒入甜面酱用小火炒出香味，加入煮好的汁、白糖继续炒至糖完全溶化，加上香油即可。

7. 醉鸡香汁

配方 水2000克，香叶15克，小茴香10克，八角8克，桂皮5克，良姜10克，山茶5克，丁香2克，陈皮6克，苹果6克，二锅头酒300克，精盐200克，骨味素30克

制法 净锅加水上火，依次加入香叶、小茴香、八角、桂皮、良姜、山茶、丁香、陈皮、苹果、精盐、骨味素熬开，凉后加入二锅头即可。

七、沪上风味秘汁酱料调制技术

香妃鸡浸味料（香妃鸡卤水、香卤水）

配方

A料：蒜肉、干葱肉、生姜、生葱、洋葱、香茅草各75克（均拍破）

B料：清水20千克，棒子骨1500克，虾米1千克（干锅炒香），金华火腿1千克（斩块后用沸水稍汆），碎瑶柱650克（冷水浸软），沙姜片350克，甘草300克，香叶40克，八角80克，草果75克（拍破）

C料：精盐1500克，骨味素300克，鸡精150克

制法 将A料投入热油中爆香后，倒入不锈钢桶内，再加入B料上火烧沸，转小火熬约2小时，待香料和棒子骨出味后加入C料，再熬半小时，然后捞出料渣。捞出料渣后把A料与棒子骨弃之不用（因为A料与棒子骨长时间浸在卤水中会发臭。），再将剩余的原料用煲鱼袋装好，放回卤水中，熬约10分钟，关火冷却待用。

注 每次卤完后应将卤汁煮沸打去浮沫，冷却后盖盖，常温保存。虾米、火腿、瑶柱可用煲鱼袋单独装（俗称味胆），而其余B料中的香料，则另用煲鱼袋盛装（俗称药材胆）。

八、台式风味秘汁酱料调制技术

1. 鲜辣酱

配方 美极鲜味露1/2杯，苹果醋2大匙，辣椒酱2大匙，味淋1大匙

制法 将所有调味料拌匀即可。

2. 高汤淋酱

配方 高汤5大匙，鸡粉5大匙，糖1大匙

制法 将所有调味料拌匀，放入锅中煮滚，等所有调味料溶化入味即可。

3. 苦瓜沙拉酱

配方 美乃滋4~5匙，番茄酱1大匙，花生粉少许

制法 先放美乃滋，然后加入番茄酱及花生粉调匀即可。

4. 美乃滋沙拉酱

配方 新鲜蛋黄2~3个，糖2大匙，白醋1/4杯，大豆色拉油2~3杯，柠檬汁1大匙

制法 准备一个干净的大不锈钢碗，切记不可以有油水留在碗中，最好洗干净

后先用纸巾擦干。先将蛋黄加糖搅拌均匀后，将色拉油慢慢加入一起拌打，每次倒入少许色拉油先拌打一阵，待油被蛋黄完全吸收之后，再继续加色拉油搅打。在大约加入1又1/2杯色拉油时，将白醋和剩下的色拉油交替加入拌打均匀。打完之后，加入柠檬汁调匀即可。

5. 无蛋沙拉酱

配方 奶水1/2杯，白醋2~3匙，糖3大匙，盐1/4匙，白胡椒粉少许，大豆色拉油2杯，水1大匙

制法 将所有调味料除色拉油外，全部放入干净而且擦干的打蛋盆中打匀至浓稠，再将色拉油分成几等份慢慢加入拌打，一直打到油和奶水吸收了，才可以加入色拉油，直接将全部色拉油打入即可。

6. 蘑菇酱

配方 鲜奶油2大匙，洋葱末4大匙，蘑菇片4~5匙，鲜奶油3大匙，水1又1/2杯，盐、面粉水、番茄酱酌量

制法 把奶油加热溶化，放入洋葱末爆香，再加蘑菇片一起炒；另外将鲜奶油、番茄酱和盐一起放入开水，起锅前用面粉水勾芡即可。

7. 黑胡椒酱

配方 黑胡椒100克，辣椒酱1/2杯，糖3大匙，骨味素3大匙，水1又1/2杯，虾米末1大匙，扁鱼1大匙，红葱头1大匙，牛油少许，面粉少许

制法 将牛油先放入锅中，用小火熔化，然后放入面粉慢慢用小火炒熟，炒到油面粉香味出现即可放一旁备用。取配方中的少许冷水将上面炒好的牛油、面粉溶开备用。扁鱼切成末，入锅爆香后接着加入红葱头和虾米末一起继续爆香片刻。将上述爆香的香料放入其余调味料一起炒香后，再与刚才溶化好的牛油面粉用小火，一边煮一边搅拌至浓稠状即可。

8. 什锦烩酱

配方 综合蔬菜少许，绞肉1/2杯，洋葱丁2大匙，蘑菇4朵，白胡椒粉26克，盐26克，糖少许，水2杯，生粉1大匙，水适量

制法 将调味料洗净切好备用。先把水加热后依序放入绞肉、洋葱、蘑菇、蔬菜等调味料，待调味料煮熟后，再用生粉水勾芡即可使用。

9. 糖渍综合水果酱

配方 葡萄汁100克，综合水果丁1/2杯，樱桃30克，水2杯，果糖2大匙，生粉1/2大匙，水1大匙

制法 将综合水果罐的水果粒及樱桃切细丁备用。将所有调味料放到小锅子中煮沸。用生粉水勾芡拌匀，即可熄火盛起备用（放冷后使用或热酱都可以使用）。

10. 麻婆酱

配方 辣豆瓣2大匙，酱油1大匙，糖16克，生粉16克，香油1大匙

制法 油锅烧热后将所有调味料放入油锅中拌炒至香即可。

11. 京酱

配方 辣豆瓣2大匙，水1大匙，甜面酱2大匙，番茄酱1茶匙，做菜酒1/2茶匙，糖1茶匙，生粉1/2茶匙

制法 将所有调味料混合均匀即可。

12. 宫保酱

配方 酱油1又1/2大匙，料酒1茶匙，白醋1茶匙，糖1茶匙，生粉1茶匙，高汤1大匙

制法 将所有调味料混合均可。

13. 鱼香酱

配方 辣豆瓣3大匙，糖1大匙，醋1大匙，水1/2

制法 热油锅，放入其它调味料拌炒，至呈现浓稠状即可。

14. 麻辣汁

配方 酱油1大匙，高汤1大匙，白醋1/2匙，糖1/4匙，骨味素1/8匙，花椒粉1/8匙，生粉1/4匙

制法 将所有调味料混合均匀即可。

15. 烤肉酱

配方 酱油2大匙，沙茶酱1大匙，嫩肉精1/8茶匙，料酒1茶匙，蒜泥1大匙，糖1茶匙，黑胡椒粉1/2茶匙

制法 将所有调味料混合均匀即可。

16. 南乳蘸酱

配方 南乳汁2大匙，沙茶酱1茶匙，花生酱1大匙，鱼露1茶匙，糖1茶匙，开水2大匙，蒜头2粒，葱1根，香菜10克，香油1茶匙

制法 蒜头、葱、香菜洗净切碎备用。将其他调味料混合调匀即可。

17. 台式豆豉酱

配方 豆豉2大匙，姜1大块，蒜头2粒，五花肉丝40克，酱油1大匙，蚝油1大匙，料酒1茶匙，水1大匙，糖1大匙

制法 取一热锅，倒入色拉油，并烧热至冒烟即可关小火下入五花肉丝、豆豉、酱油、蚝油、料酒、水、糖煸炒烧沸备用。将调好的色拉油慢慢淋入蒜泥中，并搅拌至油和蒜泥至均匀即可。

18. 马拉盏

配方 虾膏50克，虾米10克，蒜头40克，干葱头30克，辣椒20克，沙拉油250毫升，糖1茶匙

制法 开水泡虾米5分钟后沥干，与蒜头、干葱头、辣椒一起剁碎备用。热油锅，将虾米、蒜头、干葱头、辣椒碎和其他所有调味料一起下锅，并用小火慢炒，炒到有香味出来即可。

九、东南亚风味秘汁酱料调制技术

1. 果律酱

配方 沙拉酱2大匙，柠檬汁1茶匙，糖1又1/2茶匙

制法 将所有调味料搅匀即可。

2. 麻辣油

配方 花椒50克，八角30克，蒜头80克，粗辣椒粉200克，沙拉油600毫升，盐1大匙，骨味素1大匙

制法 将沙拉油及花椒、八角、蒜头倒入锅中，以小火加热至蒜头焦黄（约150℃），即可关火，并将锅内的蒜头、花椒和八角捞起丢弃。倒入辣椒粉、盐及骨味素一起拌炒均匀备用。

3. 香酒汁

配方 陈年绍兴酒200毫升，高汤（鸡汤）50克，盐1/2茶匙，骨味素1/2茶匙，糖1/4茶匙，当归1片，枸杞1茶匙

制法 将当归剪碎备用。取一汤锅，将当归和其它调味料一起入锅煮开即可关火。待汤凉后，即可。

4. 酸辣汁

配方 白醋1大匙，美极鲜味露1大匙，油1茶匙，辣油1大匙，糖1/4匙

制法 将所有调味料拌匀即可。

5. 酸甜汁

配方 醋150毫升，水50毫升，盐16克，糖100克

制法 将所有调味料一起煮，至糖完全溶化放凉即可。

6. 干烧酱

配方 米酒5大匙，番茄酱1瓶，醋1/3瓶，辣椒酱4大匙，糖8大匙，盐16克，骨味素16克，姜蓉1大匙，蒜蓉1大匙

制法 所有调味料一起煮。

7. 鳊鱼香酥酱

配方 鳊鱼40克，虾米20克，红葱酥3大匙，蚝油3大匙，酱油3大匙，糖1又1/2大匙，水2杯

制法 将鳊鱼与虾米放入温油中炸酥，再切碎备用。红葱酥切碎，用1大匙的油炒香，再加入扁鱼与虾米与所有调味料，用中火煮到入味即可（约15分钟）。

8. 沙茶辣酱

配方 葱末2大匙，辣椒末1/2大匙，胡萝卜丁1/2杯，洋葱丁2/3杯，沙茶酱50克，酱油2大匙，酒2大匙，水2杯

制法 用2大匙油炒香所有调味料，再加入沙茶酱略炒数下，随即加入酱油、酒与水，以中小火煮约5分钟即可。

9. 蚝油腊肠酱

配方 熟腊肠丁100克，韭菜花末100克，猪油30克，蚝油4大匙，糖2大匙，姜末16克，酱油1/2杯，水2杯，酒2大匙

制法 猪油，蚝油，糖、姜末、酱油，酒、水放入锅中略炒热，加入腊肠丁一起煮滚。待煮滚后，随即放入韭菜花末，等再次煮滚后即可熄火，此道酱料即完成。

10. 豆酥肉末酱

配方 豆酥2球，绞肉300克，葱花3大匙，葱末3大匙，酒1大匙，糖1又1/2大匙，酱油2大匙，水2大匙

制法 将豆酥切碎，放入温油中炸酥，然后捞起沥干备用。将绞肉与葱花，一起放入锅中炒香，再加入豆酥与酒、糖、酱油、水，以小火煮至入味。熄火后加入葱末拌匀，此道酱料即完成。

11. 芋香肉酱

配方 绞肉300克，虾米3大匙，芋头丁1又1/2杯，红葱酥2大匙，高汤2杯，酱油2大匙，糖2大匙，香油适量，胡椒粉适量

制法 将虾米切碎备用。用1大匙的油将绞肉与虾米炒香，再加入芋头丁与红葱酥一起炒香、炒匀。加入高汤，酱油，糖，以中小火煮滚至芋头松软，再加入香油与胡椒粉，搅匀入味后熄火即完成。

12. 蒜香芝麻酱

配方 原味花生50克，白芝麻80克，蒜头酥3大匙，香油2大匙，酱油1/2杯，糖16克，盐16克

制法 将花生与白芝麻分别烤香（或炒香），与蒜头酥、香油一起放入磨砵中研磨，或放入调理机中搅打成油泥状备用。将所有调味料拌匀，与之前备好的调味料充分混合即完成酱料。

13. 炸酱

配方 绞肉600克，蒜末30克，豆干丁60克，豆瓣酱（不辣）100克，陈醋3大匙，酒3大匙，香油2大匙，酱油2大匙，糖1又1/2大匙，盐1/2大匙，水5杯

制法 将绞肉与蒜末炒香至肉末七分熟，加入豆瓣酱略拌炒数下。依序加入所有调味料与豆干丁，以中小火煮至入味即可。

14. 香卤肉酱

配方 下颚肉（或五花肉）600克，葱末20克，红葱头2大匙，五香粉16克，胡椒粉16克，酱油100克，糖2大匙，盐1/2大匙，水5杯，白胡椒粉16克

制法 将下颚肉切成0.7厘米×3厘米的条状，以小火略煸出多余的油，再加入蒜末、红葱头末和五香粉、胡椒粉、酱油炒香。将1所炒香的原料，加入糖、盐、水、白胡椒粉卤煮至肉条软透入味即可。拌面食用时可添加少许香菜以增添风味。

15. 醋熘酱

配方 蒜末1大匙，辣椒丝适量，胡萝卜丝50克，洋葱丝50克，高汤2杯，镇江醋3大匙，糖2大匙，淡色酱油2大匙，盐36克

制法 先将所有调味料加少许的油炒香，再加入所有调味料一起煮滚，最后以少许生粉水勾薄芡即可。

16. 麻辣葱油酱

配方 猪油200克，大葱段150克，葱段50克，红葱头末30克，姜末1大匙，老虎酱（或辣椒酱）16克，花椒粉26克，白胡椒粉16克，盐16克，糖1大匙，白醋3大匙，淡色酱油4大匙

制法 将大葱段，红葱头，姜末入锅炒香至金黄色，改小火，加入老虎酱、花椒粉、

白胡椒、盐、糖、白醋、淡色酱油拌炒均匀，一起煮至原料入味即可。

17. 鲜嫩鸡汁酱

配方 青蒜20克，八角2粒，鸡油30克，鸡胸肉1副，鸡高汤4杯，盐1大匙，酒1大匙，糖1大匙

制法 青蒜切小段备用。将青蒜段、八角、鸡油充分炒香，然后加入所有调味料，以中小火煮10~12分钟出味。放入鸡胸肉，以小火煮熟（8~10分钟），熄火后浸泡10分钟即完成。

十、西（日）式风味秘汁酱料调制技术

1. 喼汁

配方 浙醋250克，洋葱150克，丁香50克，草果25克，八角25克，小茴香70克，白糖50克，清水650克

制法 将洋葱、丁香、草果、八角、小茴香等粉碎、然后加浙醋、白糖、清水，再转小火慢熬半小时，过滤而成。

2. 味喼汁

配方 咸味喼汁200克，糖10克，骨味素、香油各5克

制法 把各种调料搅匀即成。

注 味喼汁适合于提鲜、增香、上色，风味独特。

3. 变化西汁

①配方一

配方 洋葱300克，西芹300克，香芹300克，红辣椒50克，八角25克，草果25克，胡萝卜300克，清水2千克，茄汁1.5千克，喼汁200克，OK汁2克，精盐10克，白糖200克，白酒150克，美极鲜酱油150克，

橙红色食用色素小许

制法 将洋葱、西芹、香芹、红辣椒、八角、草果、胡萝卜和清汤煮至1千克去渣，在制得的汤中加茄汁、OK汁、喼汁、白酒、白糖、精盐、美极鲜酱油再煮至白糖完全溶解，调入食用色素即成。

②配方二

配方 洋葱300克，香芹300克，番茄300克，胡萝卜300克，红辣椒50克，香叶25克，八角25克，桂皮25克，清水2千克，茄汁8克，OK汁9克，喼汁6克，浙醋3克，白糖150克，精盐75克

制法 将洋葱、香芹、番茄、胡萝卜和清水、红辣椒、香叶、八角、桂皮等共煮。煮至1千克时去渣，在制得的汤中，加入茄汁、OK汁、喼汁、浙醋、白糖及精盐再煮至白糖完全溶解便成。

③配方三

配方 番茄500克，胡萝卜250克，马铃薯250克，芹菜200克，圆葱200克，干葱头125克，生葱125克，洋葱100克，喼汁300克，果汁200克，茄汁500克，骨头汤1000克，白糖160克，沸水2000克，精盐75克，花生油100克，橙红色素少许，蒜头65克

制法 把番茄、胡萝卜、马铃薯、芹菜、洋葱、干葱头、生葱、蒜头切碎，将锅烧红，下花生油，放入番茄、胡萝卜、马铃薯、芹菜炒透，然后把炒好的原料放进瓦煲中，加入肉骨头汤，洋葱、干葱、生葱、蒜头沸水同煮，小火慢熬至剩下汁液为800克，把汁液过滤，在汁液中加入精盐、白糖、喼汁、果汁和茄汁调匀，然后加进橙红色素，拌匀即成。

4. 香槟汁

配方 七喜饮料水175克，沙律酱500克，白糖50克，柠檬浓汁15克，炼乳20克，精盐2克，香槟酒25克，海鲜精15克

制法 先将沙律酱与七喜饮料调匀成稀酱，再将白糖、鸡精、精盐调溶均匀，放入炼乳，柠檬浓汁及香槟酒搅拌均匀即成。

5. 意大利汁

配方 沙拉油500克，橄榄油50克，芥菜50克，葱头末30克，蒜茸20克，酸黄瓜30克，黑胡椒30克，洋葱10克，红醋50克，红葡萄酒50克，柠檬汁20克，辣酱油10克，阿里根奴、他拉根香草、罗勒、盐、糖各适量

制法 先将酸黄瓜、黑橄榄切成末，黑胡椒辗碎，把红醋等其它调料放在一起搅匀，渐渐加入沙拉油，边搅边加油，直到把油加完，最后倒入红醋搅拌即成。

6. 巴黎黄油

配方 黄油1000克，法国芥菜20克，冬葱末125克，小葱50克，木瓜柳25克，牛膝草5克，他拉根香草10克，银鱼柳8条，蒜3粒，白兰地酒50克，马德拉酒50克，辣酱油5克，咖喱粉5克，红椒粉5克，柠檬皮5克，橙皮3克，鸡蛋黄4个，盐12克

制法 先将黄油置于温暖处化软，再打成奶油状，除鸡蛋外的辅料打碎，入黄油中搅匀。接着再放入鸡蛋黄搅匀，黄油挤成黄油花，也可用油纸卷入冰箱冷藏，边取边用。

7. 青芥汁

配方 盐10克，白糖150克，白醋200克，白酒10克，辣根50克，芥末油5克，清水250克，糊辣油15克

制法 将250克清水加入白糖、精盐烧开，放凉即成糖水。将辣根加入白糖，使之溶化，再加入白酒、白醋、糊辣油、芥末油，掺入糖水即成青芥汁。

8. 咖喱味汁

配方 姜末、蒜蓉各10克，精盐2.5克，白糖5克，咖喱粉3克，骨味素5克，葱油20克，清汤35克

制法 将咖喱粉放入热油中调匀制成咖喱酱。取一调味钵，倒入清汤，放入咖喱酱、精盐、白糖、骨味素、姜末、蒜蓉调匀即成。

9. OK 酱味汁

配方 青尖椒 50 克，OK 酱 35 克，美极鲜酱油 25 克，花雕酒 10 克，精盐少许，香醋 8 克，白糖 10 克，香油 15 克，葱油 8 克，鲜汤 25 克

制法 将青尖椒洗净，去蒂剁成蓉，与 OK 酱、美极鲜酱油、花雕酒、精盐、香醋、白糖、香油、葱油、鲜汤调成汁即可。

10. 法式沙拉汁

配方 马乃少司 500 克，白醋 100 克，芥末 50 克，沙拉油 50 克，清汤 200 克，柠檬汁 10 克，上海辣酱油 5 克，胡椒粉 20 克

制法 将清汤、白醋、芥末、沙拉油、柠檬汁、上海辣酱油、胡椒粉放入调味钵内调拌均匀，逐渐加入马乃少司搅匀即成。

11. 醋油少司汁

配方 沙拉油 100 克，白醋 50 克，马乃少司 50 克，芥末酱 20 克，精盐 10 克，白糖 25 克，胡椒粉 5 克，冷开水 50 克

制法 取一调味钵，将马乃少司、芥末酱、精盐、白糖、白醋、胡椒粉放入调拌均匀，逐渐加入沙拉油及冷开水搅匀即成。

12. 奇妙沙律酱

配方 卡夫奇妙酱 50 克，柠檬 1 只，炼乳 10 克，芥辣膏 5 克

制法 将柠檬洗净榨成汁，放入其余原料中拌匀即成。

13. 葡国汁

配方 豆瓣酱 20 克，沙嗲酱 50 克，咖喱酱 15 克，淡奶 15 克，蜂蜜 20 克，淡

汤100克，椰浆15克，牛油50克，精盐3克，鸡粉6克，蒜蓉5克，洋葱蓉5克，姜蓉5克

制法 将牛油放入锅中烧热，放入蒜蓉、姜蓉爆香，再加入淡汤烧沸，放入剩下原料搅匀即成。

14. 日式烧汁

配方 日本味淋500克，生抽200克，蒜蓉辣酱150克，淡汤300克，精盐15克，鸡精20克，白糖10克，清酒100克，白芝麻20克

制法 将上述原料放入锅中调匀煮沸即成。

15. 新西兰烧汁

配方

A料：茄汁500克，沙茶酱300克，柱侯酱300克，黑胡椒100克，咖喱50克，精盐50克，鸡精75克，冰糖75克

B料：姜葱250克，西芹250克，香菜梗100克，白胡椒50克，牛骨3000克，清水5000克

制法 将配方B放入锅中煲约3小时，去渣留汤，再放入配方A调匀煮沸即成。

16. 泰国辣鸡汁

配方 泰国辣鸡酱汁500克，酸梅酱100克，豆瓣酱240克，红糖水250克，柠檬汁10克，鸡精12克，辣椒油20克，精油50克

制法 将精油放入锅中烧热，下豆瓣酱爆香，加入上述原料煮沸即成。

17. 芒果汁

配方 芒果4个，鱼露10克，柠檬汁5克，白糖10克，玫瑰露酒20克，红葡萄酒20克

制法 将芒果肉搅成泥，加入其他原料煮沸调匀即可。

18. 可乐汁

配方 可乐 150 克，生抽酱油 50 克，姜汁 10 克，骨味素 5 克

制法 将可乐加热后加入生抽、姜汁、骨味素调匀即成。

19. 提汁

配方 浓缩葡萄汁 500 克，红酒 250 克，白醋 100 克，白糖 350 克，蜂蜜 125 克，湿（芡）粉 25 克，精油 25 克

制法 将上述原料放入锅中烧沸，推芡淋入精油即成。

20. 印尼咖喱酱

配方 咖喱粉 500 克，黄姜粉 150 克，芫荽粉 150 克，辣椒粉 100 克，丁香粉 10 克，豆蔻粉 10 克，大茴香粉 5 克，淡汤 1000 克，生姜 10 克，蒜肉 50 克，洋葱 50 克，芫荽 20 克、精油 1500 克

制法 锅内放油，下生姜、蒜肉、洋葱、芫荽炸干、去渣留油，将剩余原料放入汤中煮沸即成。

21. 特制红汤

配方 郫县豆瓣酱 1000 克，火锅底料 1000 克，干辣椒 1500 克，花椒 500 克，草果 50 克，小茴香 50 克，香叶 30 克，白蔻 30 克，香果 50 克，罗汉果 30 克，牛油 1000 克，人参 10 克，色拉油 2000 克

制法 将不锈钢桶内加水 1000 克，倒入郫县豆瓣酱、火锅底料、干辣椒、花椒、草果、小茴香、香叶、白蔻、香果、罗汉果、牛油、人参、色拉油，上火，用小火熬 2 小时，待汤汁剩一半时停火，捞出渣滓即成红汤汁。

22. 泰式汁

配方 蜂蜜 200 克，冰花梅酱 500 克，辣椒酱 50 克，白醋 250 克，白糖 250 克，绿柠檬汁 100 克，黄柠檬汁 500 克

制法 将蜂蜜、冰花梅酱、辣椒酱、白醋、白糖、绿柠檬汁、黄柠檬汁倒入容器中，一起搅拌均匀即成。

23. QQ酱

配方 辣椒汁1.5瓶，黄豆酱750克，烧汁（辛口）半瓶，蚝油150克，蜂蜜50克，鸡粉25克，骨味素15克，益鲜素100克，陈皮末10克，蒜蓉20克，红葱头丝25克，色拉油75克

制法 将黄豆酱用粉碎机打成糊状待用。炒锅上火放色拉油，烧至七成热时放入蒜蓉、红葱头丝爆香，投入陈皮末、黄豆酱拌匀，加入益鲜素、骨味素、鸡粉拌匀后盛出晾凉。加入烧汁、辣椒汁、蚝油、蜂蜜拌匀即成。

24. 美式红花汁

配方 龙虾壳1只，河虾400克，洋葱200克，西芹150克，胡萝卜150克，香菜100克，小杂鱼200克，番茄酱500克，清汤2000克，百里香3克，奶油5克，精盐12克，胡椒粉6克，藏红花2克

制法 将龙虾壳、河虾、小杂鱼、洋葱、西芹、香菜、胡萝卜、番茄酱、百里香、藏红花一起炒香，加入清汤煮沸至一半时捞出过滤汤汁，加精盐、胡椒粉调好口味，加入奶油搅打出泡沫即成。

十一、家常味秘汁酱料调制技术

1. 芥末味汁

配方 精盐2克，鸡精3克，骨味素2克，红酱油10克，白糖5克，辣椒5克，白醋10克，姜葱油15克，糊辣油5克，香油5克，清汤10克，芥末油10克，青芥辣10克

制法 取一调味钵倒入清汤，放入青芥辣、精盐、鸡精、白醋、骨味素化开，调入红酱油、白醋、辣椒、糊辣油、姜葱油、芥末油、香油调匀即成芥末味汁。

2. 家常味汁

配方 姜、蒜粒各50克，郫县豆瓣50克，香辣酱30克，复制白酱油30克，精盐2.5克，白糖10克，骨味素10克，葱油50克，红油50克

制法 炒锅上火，葱油烧热，放入郫县豆瓣、香辣酱和姜粒、蒜粒，煸出香味即成豆瓣酱。取一个调味钵，倒入红油、白酱油、精盐、骨味素、白糖调制均匀即可。

3. 红乳麻酱味汁

配方 葱花10克，蒜蓉30克，红豆腐乳50克，芝麻酱20克，葱油50克，甜红酱油100克，红油30克，骨味素10克

制法 取一调味钵，倒入甜红酱油、红豆腐乳、葱花、蒜蓉、芝麻酱、骨味素、红油、葱油调匀即成。

4. 薄荷酸辣汁

配方 凉开水100克，洋葱45克，薄荷叶150克，泡红椒10克，香醋45克，骨味素5克，鸡精5克，胡椒粉5克，精盐20克

制法 将薄荷叶、洋葱、泡红椒剁细放入容器中，加入凉开水、香醋、骨味素、鸡精、胡椒粉、精盐调制均匀即成。

5. 干拌味汁

配方 辣椒粉15克，骨味素10克，白糖8克，花椒粉15克，香醋25克，美极鲜酱油8克

制法 将上述原料放入容器中，搅拌均匀即成干拌味汁。

6. 皮蛋鲜椒味汁

配方 姜、蒜、葱末各30克，松花皮蛋2个，小米椒500克，条辣椒150克，精盐8克，红油50克，骨味素10克，美极鲜酱油150克，十三香15克，

桂花酱5克，清汤300克

制法 将小米椒和条辣椒去蒂洗净，将松花皮蛋剁成末。取一调味钵倒入清汤，调入小米椒和皮蛋末、精盐、骨味素、红油、葱、姜、蒜末、十三香、美极鲜酱油、桂花酱搅拌均匀即成。

7. 蒜蓉腐乳味汁

配方 蒜蓉酱1瓶，红豆腐乳1瓶，刀口海椒180克，红油50克，熟芝麻50克，香油20克，美极鲜酱油50克，白糖8克，香醋15克，清汤200克，精盐5克

制法 将蒜蓉酱与豆腐乳调匀倒入清汤，调入刀口海椒、红油、熟芝麻、香油、美极鲜酱油、白糖、香醋、精盐搅拌均匀即成。

8. 青花椒味汁

配方 鲜青花椒50克，青尖椒100克，姜、蒜末各50克，小葱末100克，清汤100克，鸡精20克，骨味素10克，香油5克，葱油10克，精盐5克，美极鲜味汁10克

制法 将青尖椒与鲜花椒剁碎用清汤浸泡一会儿，取汁调入姜末、蒜末、小葱末、鸡精、骨味素、香油、葱油、精盐、美极鲜味汁，搅拌均匀即成。

9. 双椒香味汁

配方 青、红二金条辣椒各50克，大红浙醋20克，白糖5克，骨味素10克，泡菜盐水30克，精盐10克

制法 将青、红二金条辣椒洗净，顶刀切成细圈。取一调味钵，加入泡菜盐水、大红浙醋、白糖、骨味素、精盐、青红椒细圈调制即成。

10. 鲜鱼酱味汁

配方 葱蓉40克，姜末30克，鲜鱼酱50克，香油10克，精盐少许，骨味素8克，鸡粉6克，鲜汤50克

制法 将鲜鱼酱加入葱蓉、姜末入笼蒸透放凉，调入香油、骨味素、精盐、鸡粉、鲜汤、调成汁即成。

11. 紫苏酸味汁

配方 鲜嫩紫苏 50 克，姜、蒜末各 30 克，葱花 10 克，芹菜末 15 克，精盐 10 克，鸡精 10 克，骨味素 10 克，红酱油 20 克，香油 5 克，糊辣油 50 克，清汤 30 克，熟芝麻 10 克，白糖 5 克

制法 将鲜嫩紫苏焯水，剁细，放入调味钵内，调入姜末、蒜末、葱花、芹菜末、精盐、鸡精、骨味素、复制红酱油、香油、糊辣油、清汤、熟芝麻、白糖、调匀即成。

12. 芥辣汁

配方 芥辣 5 克，万字酱油 20 克，柠檬半只，香油 2 克

制法 将柠檬洗净榨成汁，放入万字酱油、香油内调匀，挤上芥辣搅拌均匀即成。

13. 姜蓉蘸汁

配方 生姜蓉 500 克，葱白蓉 200 克，精盐 40 克，骨味素 40 克，鸡粉 20 克，白糖 5 克，精油 350 克

制法 将姜蓉、葱白、精盐、味粉、鸡精、白糖放入容器内拌匀，锅内放入精油烧至微沸，倒入容器内拌匀即成。

14. 山椒浸汁

配方 野山椒 100 克，花椒油 10 克，精盐 5 克，白醋 10 克，生抽酱油 10 克

制法 将上述原料充分调匀即成。

15. 蒜椒白醋汁

配方 蒜蓉 15 克，白醋 75 克，精盐 2 克，红椒米 5 克

制法 将上述原料充分拌匀即成。

16. 香油汁

配方 蒜肉50克，干葱100克，香菜梗20克，香叶5克，骨味素10克，白糖5克，美极鲜酱油250克，香油50克，花生油250克，鸡油50克

制法 将花生油烧热，放入蒜肉、干葱、香菜梗、香叶、鸡油浸炸至金黄色，去渣留油，加入美极鲜酱油、骨味素、白糖煮至溶化，放入香油即成。

17. 红枣汁

配方 红枣250克，红葡萄酒125克，清水500克，蜂蜜50克，红曲汁5克，精盐5克，红糖50克，湿粉15克

制法 将红枣洗净去核，放入水中入蒸柜蒸2个小时，搅拌成蓉，加入其余原料煮沸调匀推芡即成。

18. 白汁

配方 蟹肉25克，蛋清10克，上汤100克，精盐4克，骨味素6克，料酒5克，湿粉5克

制法 将蟹肉捏碎，加入上述原料煮沸，用湿粉推芡即成。

19. 杏仁汁

配方 杏仁50克，鲜牛奶20克，清水250克，冰糖50克

制法 将上述原料榨成浆汁，过滤取汁，加热煮至冰糖溶化即成。

20. 酱皇

配方 瑶柱500克，火腿粒250克，咸鱼粒300克，虾米碎100克，辣椒碎150克，精盐50克，鸡精100克，干葱蓉50克，姜末50克，精油2000克

制法 先将瑶柱、火腿、咸鱼粒、虾米用精油炸一下，沥油，锅内放精油下干葱蓉、

姜末爆香，放入所有原料翻炒均匀，烧沸即成。

21. 乳香虾酱

配方 虾酱 50 克，腐乳 20 克，蒜蓉 5 克，鸡精 6 克，白糖 2 克，精油 50 克

制法 将蒜蓉爆香，放入剩余原料调匀即成。

22. 十三香辣酱

配方 十三香 5 克，豆瓣酱 25 克，辣妹子酱 25 克，美极鲜酱油 10 克，淡汤 250 克，辣椒油 10 克，精油 50 克，鸡精 10 克，姜末 5 克，蒜蓉 5 克，姜酒 10 克，精油 50 克

制法 锅内放油烧沸，将蒜蓉、姜末爆香，放姜酒及剩余原料煮沸，最后淋入辣椒油即成。

23. 我国肉酱

配方 豆酱 500 克，肉粒 1000 克，火腿粒 250 克。咸鱼粒 600 克。姜末 20 克，蒜蓉 20 克，洋葱 50 克，鸡精 25 克，胡椒粉 20 克，淡汤 800 克，料酒 50 克，精油 750 克

制法 将豆酱用搅拌机搅成蓉，锅内放油下姜蒜、肉粒、火腿、咸鱼粒、爆香，淋入料酒，放入剩余原料调匀，烧沸即成。

24. 香辣肉酱

配方 肉粒 500 克，板鸭肉粒 200 克，辣肠粒 200 克，豆瓣酱 400 克，阿香婆辣酱 600 克，野山椒碎 150 克，蒜蓉 20 克，姜末 20 克，洋葱米 20 克，料酒 50 克，美极鲜酱油 100 克，鸡精 150 克，淡汤 1000 克，精油 1000 克

制法 将蒜蓉、姜末、洋葱米爆香，淋入料酒，下肉粒、板鸭肉粒、腊肠粒翻炒，再放入剩余原料煮沸，调匀即成。

25. 咸蛋黄酱

配方 咸蛋黄10只，牛油50克，高汤100克，鸡精20克，精油50克

制法 将咸蛋黄隔水蒸熟，用搅拌机打成蓉，锅内放入牛黄、精油烧热，下咸蛋黄炒香，下高汤、鸡精煮沸即成。

26. 蚝香汁

配方 蚝油1000克，生抽酱油100克，鲜贝露150克，老抽王100克，冰糖200克，高汤200克，鸡粉30克，骨味素25克，食用红色素1克

制法 把蚝油、生抽酱油、鲜贝露、老抽王、冰糖、高汤放入锅内，用小火烧开，放入鸡粉、骨味素、食用红色素调匀即成。

27. 香煎汁

配方 葱10克，蒜10克，黄酒10克，白糖4克，精盐4克，骨味素2克，胡椒粉2克，鸡粉2克，鱼露10克，生抽10克，美极鲜酱油10克，清鸡汤300克，色拉油150克，吉士粉50克

制法 锅上火，放色拉油烧热，将葱、蒜放入炝锅加入清鸡汤、鱼露、生抽王、美极鲜酱油、白糖、骨味素、胡椒粉、鸡粉调好味，用吉士粉勾芡即成。

28. 金汁

配方 熟南瓜泥2500克，水500克，精盐130克，白糖1500克，吉士粉60克，淡奶半听，椰浆半听，浓缩橙汁80克

制法 将水烧开后，加入南瓜泥，烧开再放入淡奶、椰浆、浓缩橙汁、精盐、糖和用水化开的吉士粉，改用小火熬制15分钟即成。

29. 江米酱汁

配方 黄酒50克，南乳汁1000克，柱侯酱300克，海鲜酱200克，红腐乳150

克，酱油10克，白糖25克，白糖25克，鸡粉5克，色拉油50克，骨味素5克

制法 锅内放入色拉油，投入黄酒、南乳汁、柱侯酱、海鲜酱、红腐乳、酱油、白糖、鸡粉、骨味素，烧开搅匀即成。

30. 炝醉虾卤

配方 宴会酱油20克，古越龙山酒50克，生抽酱油18克，老抽酱油9克，南乳汁20克，白酒少许，芥末3克，白糖5克，骨味素3克，鸡粉3克，精盐、姜少量

制法 把宴会酱油、古越龙山酒、生抽酱油、老抽酱油、南乳汁、白酒、芥末、白糖、骨味素、鸡粉、精盐、姜放入容器中，一起搅拌均匀即成。

31. 麻酱汁

配方 芝麻酱60克，色拉油20克，浓缩鸡汁20克，酱油100克，叶精10克，香油10克，白糖少量，鸡粉5克

制法 将芝麻酱放入碗内，逐渐加入色拉油调拌均匀，再徐徐搅入浓缩鸡汁、白糖、酱油、骨味素、香油等，调拌均匀即成。

32. 南乳花生酱

配方 花生酱1瓶，广东南乳5瓶，海鲜酱5瓶，柱侯酱3瓶，精盐5克，白糖50克，骨味素10克，橙红色素少许，老抽酱油20克，花生油2克

制法 炒锅上火，放入色拉油烧热，下花生酱、广东南乳、海鲜酱、柱侯酱、骨味素、白糖、橙红色素、老抽酱油等原料，炒均匀即成。

33. 韭花酱

配方 韭花制泥400克，精盐25克，美极鲜酱油10克，梨去皮、核制泥15克，红油50克，麻汁100克，骨味素20克，面酱10克

制法 取一个调味钵,放入韭花、精盐、梨泥腌渍3~4天。腌好的韭花酱加入面酱、骨味素、麻汁、美极鲜酱油、红油调匀即成。

34. 香糟汁

配方 香叶5克，草果5克，八角3克，小茴香3克，花椒5克，水100克，桂花少许，葱、姜各5克，骨味素2克，白糖25克，香糟300克，桂花适量，花雕酒1000克

制法 香糟用花雕酒冲开，净锅加水上火，再加入香叶、草果、八角、小茴香、花椒、葱、姜烧滚开后离火，加骨味素、白糖、香糟、最后放入桂花，用纱布滤出汁液即可。

35. 腊味卤水

配方 腊味原汤3000克,鲜汤3000克,葱结100克,姜块100克,干辣椒节80克，八角20克，草果10克，桂皮10克，花椒10克，精盐、胡椒粉、白糖、骨味素各适量

制法 姜块拍破与干辣椒节、八角、草果、桂皮、花椒、一起用纱布包成香料包。净锅上火，掺入鲜汤与腊味原汤，下入葱结及香料包，用中火烧开后，转小火熬约1小时，捞出葱结，调入精盐、胡椒粉、白糖、骨味素即成。

36. 糊辣汁

配方 姜20克，大蒜20克，葱20克，清汤1000克，精盐30克，蚝油50克，冰片糖100克，白醋200克，干海椒30克，干花椒20克，豆瓣酱50克，香叶3克，八角10克，桂皮5克，草果2粒，色拉油250克，香油30克，料酒30克，胡椒粉20克，糊辣油100克

制法 将姜蒜切片，葱姜切成段，干海椒切成段，去籽。炒锅上火，掺入色拉油烧至七成热，下姜蒜片、葱段、豆瓣酱，煸炒出香味，掺入清汤烧沸，打去渣料。

另起炒锅掺油，将各种香料和干海椒段、花椒煸出香味，倒入豆瓣汁内，调入精盐、蚝油、冰片糖、料酒、胡椒粉、糊辣油、白醋、香油熬制均匀即成糊辣汁。

十二、新型秘汁酱料调制技术

1. 烤椒汁

配方 姜10克，大蒜20克，芹菜10克，香葱5克，青红尖椒各30克，清汤20克，精盐20克，骨味素20克，鸡精10克，白酱油30克，白糖5克，糊辣油30克，香油5克，香醋10克

制法 将姜、蒜剁成细末，香葱切成葱花，芹菜切细末，青红尖椒入烤箱烤至发白，剁成细末。取一调味钵倒入清汤，下姜、葱、芹菜、青红尖椒末，调入精盐、骨味素、鸡精、复制白酱油、白糖、糊辣油、香油、香醋调制均匀即成。

2. 虾油汤味汁

配方 清汤200克，虾油100克，美极鲜酱油125克，甜酱油50克，香油50克，鸡精15克，骨味素10克，精盐适量

制法 取一调味钵，倒入清汤，调入虾油、美极鲜酱油、甜酱油、香油、鸡精、骨味素、精盐调制均匀即成。

3. 孜然味汁

配方 姜蒜末各10克，陈皮10克，孜然粉10克，豆瓣酱50克，葱油50克，精盐5克，骨味素10克，甜面酱10克，清汤50克

制法 陈皮用温水浸泡取汁，炒锅上火倒入葱油，下豆瓣酱煸香，再放入精盐、姜蒜末、陈皮水、骨味素、甜面酱、清汤、孜然粉炒拌均匀即成。

4. 新式酸辣味汁

配方 小米椒50克，蒜蓉8克，豆瓣酱50克，蚝油10克，芝麻酱30克，香醋6克，甜酱油12克，鸡精15克，骨味素10克，白糖5克，香油10克，红油50克，冷鲜汤25克

制法 将小米椒去蒂，洗净，剁成蓉。取一调味钵放入豆瓣酱、小米椒、香辣酱、蚝油、芝麻酱、蒜蓉、香醋、甜酱油、鸡精、骨味素、白糖、香油、红油、冷鲜汤调制均匀即成。

5. 鲜辣味汁

配方 姜蓉15克，葱蓉10克，辣椒仔50克，美极鲜味汁15克，香醋6克，鸡精10克，骨味素、精盐适量，鲜汤25克

制法 取一调味钵，倒入鲜汤，加入剁成蓉的辣椒仔、姜蓉、美极鲜味汁、香醋、葱蓉、鸡精、骨味素、精盐调制均匀即成。

6. 新式怪味汁

配方 姜蒜蓉15克，郫县豆瓣30克，泡椒20克，海鲜酱15克，芝麻酱10克，香油10克，十三香8克，红油30克，花椒面8克，香醋10克，冰片糖6克，骨味素6克，鲜汤25克

制法 将郫县豆瓣、泡椒均剁成细末，冰片糖用水溶化成均匀的液体，加入海鲜酱、芝麻酱、红油、香油、十三香、姜蒜蓉、花椒面、香醋、骨味素、鲜汤调成均匀的汁即成。

7. 台式酱料味汁

配方 葱蓉6克，甜面酱25克，蚝油15克，柱侯酱10克，白糖8克，鸡精8克，大料油10克，鲜汤15克，精盐少许

制法 将甜菜面酱、柱侯酱、蚝油、葱蓉放入勺中同炒，再加入白糖、鸡精、精盐、大料油、鲜汤调成汁即成。

8. 美味千岛汁

配方 酸黄瓜50克，青椒30克，马乃少司500克，番茄少司100克，白兰地酒50克，柠檬汁10克，精盐5克，胡椒粉10克

制法 取一调味钵，倒入白兰地酒，放入马乃少司、番茄少司、柠檬汁、精盐、胡椒粉搅打成稠状，放入酸黄瓜、青椒搅拌均匀即成。

9. 美极小椒味汁

配方 鲜沙姜20克，蒜苗50克，老姜30克，芹菜20克，小米椒200克，香菜20克，精盐50克，鸡粉30克，骨味素15克，美极鲜酱油50克，冰片糖30克，黄金果30克，清水2000克，白醋200克，玫瑰露酒50克

制法 炒锅上火，加入清水，烧开放入精盐、冰片糖、黄金果，熬至金黄色放凉备用。将小米椒切碎，蒜苗切段，老姜、鲜沙姜拍破，芹菜、香菜洗净，放入制好的凉水中调入白醋、美极鲜酱油、玫瑰露酒、鸡粉、骨味素即成。

10. 黑椒味汁

配方 黑胡椒25克，洋葱蓉10克，红椒15克，精盐适量，黄酒5克，骨味素4克，鸡粉6克，白糖5克，老抽3克，蚝油5克，美极鲜酱油6克，鲜汤25克，葱油10克

制法 将黑胡椒磨成粉末，红椒切成粒。取一调味钵，放入洋葱蓉、精盐、黄酒、骨味素、鸡粉、白糖、老抽、蚝油、美极鲜酱油、葱油、鲜汤调成汁即成。

11. 烧烤汁

配方 卤水50克，老抽酱油5克，红曲汁5克，蜂蜜10克，白糖30克，骨味素6克，精油10克

制法 将卤水烧沸，加入老抽酱油、蜂蜜、糖、骨味素调味，用红曲汁调色，淋上精油即成。

12. 酸鲜汁

配方 蒜蓉5克，白醋10克，白酱油30克，骨味素6克，胡椒粉2克，香油5克

制法 将上述原料充分调匀即成。

13. 咸鲜汁

配方 白酱油20克，骨味素6克，白糖5克，香油5克，花生油5克

制法 将上述原料充分调匀即成。

14. 红花汁

配方 藏红花10克，淡汤500克，玫瑰露酒5克，精盐5克，鸡精6克，吉士粉15克

制法 用淡汤将藏红花浸泡2小时，入锅烧沸，捞去汤渣，放入上述原料烧开调匀，用吉士粉推芡即成。

15. 木瓜汁

配方 木瓜1只，淡汤250克，白糖50克，精盐5克，炼乳50克，柠檬汁2克

制法 将木瓜去皮，去核搅成蓉，加入其余原料煮沸拌匀即成。

16. 奶香汁

配方 淡汤500克，鲜奶250克，忌廉5克，精盐6克，骨味素10克，湿淀粉12克

制法 将淡汤、鲜奶煮沸，加入精盐、骨味素、忌廉，用湿淀粉推芡即成。

17. 蜜椒汁

配方 黑椒酱250克，生抽酱油125克，美极鲜酱油250克，沙茶酱50克，麦芽糖125克，蜂蜜100克，干葱蓉5克，洋葱蓉5克，红椒米20克，花

生油20克

制法 油放锅中烧开，将干葱蓉、洋葱蓉、红椒米放入爆香，加入其余原料煮沸调匀即成。

18. 串烧汁

配方 豆瓣酱200克，海鲜酱400克，柱侯酱400克，香油200克，淡汤400克，蒜蓉10克，干葱蓉10克，姜汁酒20克，湿（芡）粉15克

制法 将蒜蓉、干葱蓉爆香，加入其余原料煮溶调匀推芡即成。

19. 辣酒汁

配方 花生酱50克，白卤水500克，辣椒油25克，胡椒碎50克，白酒20克，蒜蓉10克，干葱米10克，西芹米20克，山椒米50克

制法 将蒜蓉、干葱米爆香，放入其余原料煮沸调味即成。

20. 黑椒酱

配方 黑椒碎500克，豆豉250克，柱侯酱240克，沙茶酱100克，老抽酱油100克，料酒100克，白糖200克，香茅粉10克，淡汤1000克，蒜蓉50克，姜末50克，洋葱75克，椒米100克，精油750克

制法 锅内放精油烧沸，放入蒜蓉、姜末、洋葱、椒米爆香，加入料酒、香茅粉、黑椒碎、豆豉、柱侯酱、沙茶酱、淡汤烧沸，调入老抽酱油、白糖，推至白糖溶化即成。

21. 百搭酱

配方 豆瓣酱240克，芝麻酱25克，花生酱30克，火腿蓉250克，咸鱼蓉100克，虾米碎50克，瑶柱碎200克，虾子50克，虾糕25克，野山椒碎250克，辣椒碎50克，干葱蓉20克，蒜蓉20克，姜末10克，冰糖100克，鸡精150克，料酒50克，胡椒粉10克，精油1000克

制法 锅内放油烧沸，放入干葱蓉、蒜蓉、姜末爆出香味，淋料酒，再放入剩余原料煮沸，调匀即成。

22. 马拉盏酱

配方 虾米250克，瑶柱100克，虾糕125克，腰果125克，辣椒碎100克，豆瓣酱250克，红葱头蓉150克，蒜蓉100克，料酒、胡椒粉各20克，精油1000克

制法 将虾米、瑶柱、腰果炸香剁碎。锅内放油烧混，放入蒜蓉、红葱头蓉爆香，淋入料酒，放入剩余原料煮沸、调匀即成。

23. 上汤酱

配方 肉松500克，虾米50克，火腿50克，鸡精100克，海鲜酱80克，蒜蓉25克，干葱蓉25克，精油500克

制法 将肉松、虾米、火腿过精油备用。锅内下精油烧沸，放入蒜蓉、干葱蓉爆香，再放其余原料煮沸即成。

24. 蜜香酱

配方 海鲜酱240克，叉烧酱80克，蚝油80克，蜂蜜50克，香油25克，精油100克

制法 将海鲜酱、叉烧酱、蚝油、蜂蜜放入盆中拌匀，锅内放入精油、香油烧热，淋入盆中拌匀即成。

25. 贵妃酱

配方 辣椒酱240克，豆瓣酱240克，番茄汁200克，叉烧酱240克，沙茶酱180克，瑶柱50克，虾米80克，冰糖75克，香叶5片，陈皮10克，蒜蓉25克，干葱蓉20克，辣椒粉20克，料酒50克，精油500克

制法 先将虾米、瑶柱炸香，剁成蓉，锅内放精油烧沸，下蒜蓉、干葱蓉、椒米、

陈皮、香叶爆香，淋料酒，加入剩余原料翻炒均匀，煮沸至冰糖溶化，拣出香叶即成。

26. 新派椒盐料

配方 精盐500克，味粉120克，虾米250克，大地鱼200克，辣椒粉180克，茴香50克，香叶25克，胡椒粉20克，五香料50克

制法 锅内放入精盐、茴香、香叶炒香，放入剩余原料炒匀，用密筛过滤即成。

27. 味极汁

配方 美极鲜酱油400克，太太乐鲜贝露100克，蜂蜜15克，叉烧酱10克

制法 把美极鲜酱油、太太乐鲜贝露、蜂蜜、叉烧酱放到容器中调匀即成。

28. 番茄香芒酱

配方 芒果500克，番茄少司100克，白糖100克，蜂蜜20克，清水200克，精盐20克，吉士粉16克，芒果香精20克

制法 把鲜芒果用粉碎机绞成蓉。锅内加水烧开，下白糖、精盐、番茄少司，用小火调匀，加蜂蜜、芒果蓉小火烧开后加芒果香精，用吉士粉勾芡，出锅即成。

29. 秘制红油

配方 色拉油2500克，香叶125克，香葱75克，姜片75克，紫草200克，八角30克，花椒50克，桂皮30克，小茴香15克，白豆蔻8克，草果8克，四川泡椒500克，豆瓣酱500克，辣椒面500克

制法 将不锈钢桶加入色拉油烧至八成热时离火，先加入香葱、姜片，然后加八角、香叶、小茴香、花椒、桂皮、白豆蔻、草果、紫草、四川泡椒、豆瓣酱、辣椒面，将锅放在火上，烧开后慢慢熬30分钟即成。

30. 肥牛汁

配方 水5000克，酱油150克，鱼露150克，鸡粉100克，美极鱼酱油100克，骨味素50克，香菜根100克，罗汉果2个，冰糖250克，香油50克，胡椒粉50克，青红椒粒少量

制法 先把水烧开，加入酱油、鱼露、美极鲜酱油、罗汉果、冰糖、骨味素、鸡粉，调好味煮5分钟，即可放入香菜根、胡椒粉、青红椒粒，倒入盆内即成。

31. 玉米汁

配方 鲜玉米1500克，上汤250克，精盐25克，骨味素10克，白糖150克

制法 鲜玉米加上汤，用粉碎机绞成汁，滤干净渣末即成玉米汁，倒入锅内加精盐、糖、骨味素调好味即成。

32. 奶香汁

配方 卡夫奇妙酱150克，橙汁500克，糖椰蓉200克，糖10克，精盐5克，鲜奶50克，湿淀粉适量

制法 锅上火放入橙汁、卡夫奇妙酱、糖、精盐、鲜奶、糖椰蓉烧开，再加适量湿淀粉烧开，调好味即成。

33. 话梅汁

配方 生抽王2瓶，绍兴花雕酒1瓶，鸡精10克，骨味素5克，白糖100克，白胡椒粉5克，香油100克，葱、姜、蒜片各25克，泡椒25克，话梅250克

制法 话梅先用开水浸泡，浸出话梅味后，放入生抽王，花雕酒、白糖、鸡精、骨味素、白胡椒粉，再放葱、姜、蒜、泡椒段调成汁即成。

34. 香芒汁

配方 泰国产芒果200克，云里那油4克，白糖40克，精盐4克，骨味素12克，

吉士粉10克，香芒粉80克，水400克，香菜40克，西芹40克，洋葱40克

制法 先把鲜芒果肉用粉碎机打成泥，香菜、西芹绞成汁备用。沙锅内加入水、云里那油、白糖、精盐、骨味素、香芒粉、香菜汁、西芹汁、用小火烧开，调好口味，再用吉士粉勾芡即成。

35. 芝士牛油酱

配方 芝士10包（2500克），黄油1500克，干葱末50克，三花淡奶1听

制法 将以上原料加热，搅拌均匀即成。

36. 自制烧汁

配方 老鸡汤2000克，蒸鱼豉油100克，烧汁650克，鲜贝露400克，鱼露50克，老抽酱油15克，白糖400克，鸡粉200克，骨味素100克，食用红色素少量

制法 锅内加入老鸡汤、蒸鱼豉油、烧汁、鲜贝露、鱼露、老抽酱油，烧开后加入白糖、鸡粉、骨味素，用食用红色素调好色即成。

37. 秘制鲜味汁

配方 酱油1000克，红糖50克，桂皮100克，八角150克，甘草250克，小茴香150克，花椒20克，香叶25克，鸡粉250克，骨味素250克，生姜300克

制法 将八角、桂皮、甘草、小茴香、花椒、生姜、香叶用纱布袋包好成香料包。锅内放入酱油、香料包、红糖烧沸，改用微火慢烧，熬至酱油剩余七成时捞出香包，放入鸡粉、骨味素搅匀即成。

38. 醉香汁

配方 精盐20克，鸡汤2000克，花椒3克，八角1只，桂皮3克，草果2只，

香叶2片，白酒100克，花雕酒50克，鸡粉5克，姜、葱各10克，骨味素1克

制法 锅内放入鸡汤，加花椒、八角、桂皮、香叶、草果、姜、葱、鸡粉、精盐、骨味素。待煮滚后倒入盆中冷却，再加入花雕酒和白酒即成。

39. 金沙汁

配方 面包糠500克，蒜蓉50克，豆豉末50克，鸡粉50克，火腿末50克，干红椒25克，熟芝麻50克，香菜末50克，干葱末50克，花椒粉20克，精盐50克，椰丝20克，五香粉20克，白糖50克

制法 面包糠、蒜蓉用油炸成金黄色捞出，放在盆内加豆豉末、鸡粉、火腿末、干红椒末、熟芝麻、香菜末、干葱末、花椒粉、精盐、椰丝、五香粉、白糖拌匀即成。

40. 葡式汁

配方 咖啡油1.50克，椰汁半瓶，鲜奶半瓶，鸡蛋黄2只，洋葱20克，高汤500克，姜、葱各5克，炒面粉75克，黄油50克，精盐4克，鸡粉2克，骨味素2克，水淀粉15克

制法 锅内放入黄油烧热，投入洋葱、姜、葱煸出香味，加咖啡油、椰汁、鲜奶、鸡蛋黄、精盐、鸡粉、骨味素、高汤、炒面粉烧开，用水淀粉勾芡即成。

41. 平锅焗鱼头料

配方 阿香婆牛肉酱33克，桂林辣酱33克，柱侯酱8克，海鲜酱14克，排骨酱20克，花生酱10克，鲜贝露5克，鸡粉3克，白糖40克，精制油75克，骨味素15克

制法 牛肉酱、桂林辣酱、柱侯酱、海鲜酱、排骨酱、花生酱、鲜贝露、白糖、骨味素、色拉油（烧开晾凉使用）、鸡粉一起搅拌均匀即成。

42. 金丝鱼香卤汁

配方 香辣酱35克，牛肉酱22克，桂林辣酱35克，鲍鱼汁19克，蚝油5克，老抽酱油35克，白糖10克，骨味素5克，鸡粉5克，清水1000克，洋葱、香菇、姜片、葱段、蒜头、胡萝卜、芹菜各15克，五花肉片25克

制法 锅内加入清水放上洋葱、香菇、姜片、葱段、蒜头、芹菜、胡萝卜、五花肉片煮成汁备用。香辣酱、牛肉酱、桂林辣酱、鲍鱼汁、蚝油、老抽酱油、白糖、骨味素、鸡粉放入煮好的汁中搅拌均匀即成。

43. 黑椒汁

配方 黑胡椒碎60克，清酒30克，野山椒米30克，洋葱碎40克，盐10克，骨味素40克，白糖30克，美极鲜酱油10克，味淋20克，牛油40克，生抽酱油30克，高汤120克

制法 把黑胡椒剁碎、清酒、野山椒米、洋葱碎、精盐、骨味素、白糖、美极鲜酱油、味淋、牛油酱油、生抽酱油、高汤放入锅中，用小火熬成汁即成。

44. 鲍鱼汁

配方 老鸭2只，火腿1500克，猪皮1500克，鸡爪1500克，牛腱肉2500克，肘子骨4000克，猪爪2000克，猪蹄髈2只，干贝100克，开洋150克，清酒300克，火腿香精75克，海皇子鲍鱼酱100克，干鲍鱼50克，蜂蜜200克，鸡粉75克，骨味素50克，蚝油150克，老抽25克，鸡香粉50克，鲜鸡油75克，香油25克，生粉75克，超级浓缩鸡汁75克，色拉油适量

制法 把鸡爪、鸭、猪爪、猪皮、猪蹄髈、牛腱肉、肘子骨斩成块，用开水焯一会，捞出冲洗干净，投入五六成热的色拉油中炸成金黄色捞出。用一只不锈钢桶，加入所有炸好的原料，鲍鱼用竹帘夹好放入桶中，再放火腿、青酒，烧开后用小火煨制25小时左右等用。沙锅内加入高汤，下鲍鱼酱、老抽、蚝油、鸡粉、骨味素、蜂蜜、生粉、超级浓缩鸡汁、鸡香粉烧开，调好口味即成鲍鱼汁。

45. 美极汁

配方 美极鲜酱油500克，鲜露25克，蒜蓉汁50克，芝麻25克，红腐乳100克，白腐乳50克，蚝油75克，辣椒酱50克，蒜粉25克，生抽100克，骨味素15克，白糖50克，鸡粉20克

制法 将美极鲜酱油、鱼露、蒜蓉汁、红腐乳、白腐乳、蚝油、辣椒酱、蒜粉、鸡粉、骨味素、白糖、芝麻等放入容器中调制均匀即成。

46. 鸡汁酱

配方 泰国鸡汁酱300克，番茄少司50克，橙汁150克，鱼露15克，生粉50克，香油25克，色拉油50克

制法 锅内加入色拉油烧热，投入鸡汁酱、番茄少司、橙汁、鱼露烧开，调好味，勾上生粉，淋上香油即成。

47. 纸包酱料

配方 黄酒10克，葱姜汁50克，鲜贝露5克，豆瓣辣酱10克，红腐乳10克，白糖5克，精盐1克，鸡粉1克，香油25克，五香粉1克，炒米粉120克，熟猪油25克

制法 将黄酒、葱姜汁、鲜贝露、豆瓣辣酱、红腐乳、白糖、精盐、骨味素、鸡粉、五香粉、熟猪油等调好口味，再拌上炒米粉、淋上香油即成。

48. 奇妙汁

配方 卡夫奇妙酱100克，酸牛奶500克，苹果500克，菠萝250克，红枣150克，红辣椒500克，洋葱250克，喼汁250克，奶油150克，冰糖500克，精盐适量，红葡萄酒500克，咖喱粉50克，熟鸡蛋黄10个，清水1500克，水淀粉适量

制法 将苹果、洋葱、菠萝去皮，红枣去核，均切成块与熟鸡蛋黄一起绞成蓉。锅上火加入清水、卡夫奇妙酱、酸牛奶、喼汁、奶油、冰糖、精盐、红

葡萄酒、咖喱粉，并加入绞好的水果蛋蓉熬煮至开，用水淀粉勾成米汤芡即成。

49. 特妙酱

配方 柱侯酱50克，海鲜酱50克，花生酱15克，番茄少司15克，沙茶酱15克，蒜蓉辣椒酱20克，白糖25克，香葱10克，生姜10克，蒜头10克，洋葱10克，酒酿20克，熟花生油75克，香油25克，骨味素少许

制法 生姜去皮洗净，与香葱、蒜头、洋葱分别剁成蓉，装入盆内倒入烧热的熟花生油，待出香味后，加入其他原料调匀即成。

50. 胡萝卜油

配方 猪油200克，鸡油300克，豆油1500克，胡萝卜1000克，香葱300克，干葱100克

制法 净锅上火，加入猪油、鸡油、豆油烧开，放入胡萝卜、香葱、干葱、慢火靠15~20分钟，待胡萝卜质地发干时，取出油脂即成。

51. 罐罐酱

配方 海鲜酱1瓶，蒜蓉15克，桂林辣酱1瓶，陈皮末5克，五花肉15克，美极鲜酱油10克，绵白糖5克，葱油30克，红油20克

制法 锅上火加葱油、红油烧热，下五花肉煸出香味，再放蒜蓉、海鲜酱、桂林辣酱、陈皮末、美极鲜酱油、绵白糖炒出香味即成。

十三、菜肴腌料调制技术

1. 牛肉片腌料

配方 去筋牛肉片500克，食粉4克，松肉粉2克，精盐4克，骨味素5克，白糖1克，生抽酱油5克，生粉25克，清水75克，精油25克

制法 盆中放入牛肉片，边拌边加入清水，放置1小时。用清水25克将食粉、松肉粉、精盐、味粉、白糖、生抽酱油调成糊状。将剩余清水放入生粉调匀，倒入盆中拌匀牛肉，最后用精油封面即成。

2. 香脆骨腌料

配方 鸡脆骨500克，食粉2克，精盐3克，骨味素5克，白糖15克，生粉20克，黏米粉50克，自制辣水50克

制法 将鸡脆骨用白布抹干水，放入盆中，加入食粉、精盐、骨味素、白糖、自制辣水拌至味料溶化，加入生粉、黏米粉拌匀即成。

3. 蒜香骨腌料

配方 肉排500克，食粉2克，精盐4克，骨味素5克，白糖15克，蒜粉20克，生粉15克，黏米粉25克

制法 将肉排斩成日字放入盆中，加入食粉、精盐、骨味素、白糖、蒜粉拌匀，用少许清水调稀生粉、黏米粉，倒入盆中拌匀即成。

4. 叉烧肉腌料

配方 一字梅肉500克，芝麻酱50克，花生酱75克，南乳10克，白糖200克，精盐20克，松肉粉5克

制法 将一字梅肉切成薄条，把芝麻酱、花生酱、南乳、白糖、精盐、松肉粉放入盆中充分拌匀，再放入肉片腌制10小时即成。

5. 南乳香辣肉腌料

配方 五花肉500克，南乳汁15克，叉烧酱10克，芝麻酱5克，花生酱5克，蒜粉8克，生粉10克，黏米粉20克

制法 将五花肉、南乳汁、叉烧酱、芝麻酱、花生酱、蒜粉、生粉、黏米粉拌匀，腌制2小时即成。

6. 牛肋骨（以5千克计）

配方 盐40克，生抽100克，味粉75克，食粉60克，生粉150克，牛肉汁、红水、西汁水、生油适量

制法 牛肋骨冲净血水，用盐、生抽、味粉、食粉、牛肉汁、生粉、西汁水拌匀，用红水上色后腌料捞匀，红水教色，最后用生油封好备用。

第六章

菜点调味技术实例

1. 砂锅鱼头

大头鲢，又叫花鲢鱼，学名鳙鱼，是我国主要淡水鱼类之一，有“胖头鱼”之称。大头鲢的“鱼头比鱼肉贵”，这似乎不可思议，但确有其事。不过，不是所有的鱼类都是这样，只有大头鲢才如此，大头鲢的头部脑汁丰满，唇皮厚实，头肉肥壮，特别是俗称“胡桃肉”的上颚肉和头两侧的“面颊肉”，尤为细嫩可口。

在客家民间，有“万滚鱼”的说法。“万滚鱼”要少煎多煮慢放盐，而其中火候至关重要，应遵循“大—小—大”的原则，即煎制时火要大些，然后加水（一次加足水，淹过鱼），煮滚后，放入蒜、姜，改用小火，任它千滚万滚，务必“滚”至鱼汤呈奶白色时，放入盐后，转大火“滚”至汤汁略稠，方可离火。砂锅鱼头就是按此法烹制的。汤如乳汁，味特浓厚，原锅上席，别有风味。

配方 大头鲢头1个（约重800克），潮州咸菜60克，猪五花肉20克，蒜肉5克，姜5克，精盐2克，糯米酒5克，胡椒粉0.5克，猪骨汤800克，熟猪油60克

制法 将鱼头刮去磷、鳃，洗净，斩成块状。潮州咸菜切成片，猪五花肉切成薄片，蒜拍裂，姜拍裂。炒锅放在旺火上烧热，倒入熟猪油，放入鱼头煎至浅黄色时，下咸菜、猪肉、糯米酒、姜，放入精盐，转用大火煮至汤汁略稠，出锅倒入砂锅里，再放在小火上煮滚，撒上胡椒粉，离火，连锅趁热上席。

2. 烧鱼头

鱼头先煎后烧，成菜色泽金黄，鲜香爽口。

配方 花鲢鱼头1个（约1000克），葱结10克，姜片5克，精盐3克，海鲜精2克，白糖2克，绍酒10克，酱油10克，米醋5克，汤400克，植物油60克

制法 将花鲢鱼头劈成两半，去鳃洗净，放入盆中。加葱结、姜片、精盐、绍酒、白糖、米醋拌匀腌渍半小时。炒锅置中火上，倒入植物油烧至六七成热，下鱼头煎至两面淡黄色时，加入汤、酱油烧沸后，改用小火烧至入味、将收汁时，出锅装盘即可。

3. 无骨鱼头

无骨鱼头是选用大头鲢（花鲢鱼），其鱼头大，肉多且肥嫩，味美。将鱼头煮熟后，拆去鱼头骨，加其他原料烩制而成，皮糯黏腻滑，鱼肉肥嫩，汤汁稠浓，口味香辣。

配方 花鲢鱼头1个（约2000克），鸡脯肉30克，熟笋肉30克，水发香菇20克，葱结10克，葱段10克，姜片10克，精盐5克，白糖2克，糯米酒40克，香辣酱50克，酥花生末10克，清汤400克，湿淀粉10克、葱油5克，熟猪油50克

制法 将花鲢鱼头劈成两半，去鳃洗净，放入锅里加清水淹没鱼头，加入葱结、姜片（5克）、糯米酒，置旺火烧至鱼肉离骨时，捞出拆去骨成鱼头肉。鸡肉、笋肉、香菇分别切成片。炒锅置旺火，倒入熟猪油烧至五六成热，放入葱段、姜片炸香后捞出，下鸡肉片、笋片、香菇片略炒，放入鱼头肉、香辣酱、清汤盖上锅盖，改小火烧至入味将收汁时，用湿淀粉勾芡，淋上葱油推匀，出锅装入盘里，撒上酥花生末即可。

4. 清蒸老蟹

老蟹（即客家话），又叫中华绒螯蟹、毛蟹，因蟹足长有浓密的细毛而得名。它穴居溪河的泥岸中，头胸甲呈方圆形，一般长达6~7厘米，外表呈褐绿色，螯足强大。客家聚居地溪水域地带盛产老蟹，每年金秋老蟹丰满肥大，源源上市。公母要按时令挑选，俗话说“农历九月母，十月公为佳。”此菜是用清蒸而成，本色原味，鲜美爽口。

配方 活大老蟹10克（约重1250克），醋100克，姜20克

制法 将活大老蟹逐个洗涮干净，放清水中浸养半天，待其排尽腹中污物，再洗涮一遍，然后用细绳扎住蟹螯，腹部向上摆在盘中，上笼用旺火蒸30分钟，至蟹壳变红、蟹爪收缩、蟹体膨胀时，取出，解去细绳，整齐地摆在盘里，即可上桌。上桌时跟上姜醋汁（将姜切成细末，放入小碗，加入醋调匀）。

5. 砂锅蟹丸

此菜是用老蟹肉为主料，配以虾肉及其他配料，混合为一体，挤成丸子，再加入清汤，其味更鲜美。

配方 熟老蟹肉200克，鲜虾肉150克，猪肥膘肉30克，熟笋尖20克，葱段10克，红菜椒3克，精盐4克，浅色酱油5克，清汤400克，香油2克，熟猪肉10克

制法 将虾肉、猪肥膘肉分别剁成泥。熟笋尖切成细粒，然后把虾泥、肉泥、精盐拌匀打成虾胶，再加入笋尖粒、老蟹肉搅匀，挤成直径2厘米大的丸子，放在抹有熟猪油的盘里，上笼用旺火蒸10分钟至熟，取出。把清汤倒入砂锅中，放在中火上，放入蟹丸、酱油、葱段、红菜椒片煮滚，淋上香油，离火即可。

6. 塘塞焖菜脯

塘塞（即鲶鱼），是淡水鱼之一。它体形圆扁，颜色灰黑，有暗斑，大口上有两根须，无鳞，眼小嘴大。它无细刺，肉质细嫩，味道鲜美。此菜是将塘塞先油炸后，与菜脯同焖而成，色泽红润，肉嫩汁鲜，香气四溢。

配方 塘塞500克，陈菜脯50克，蒜肉15克，姜末5克，胡椒粉1克，白糖5克，糯米酒10克，香醋5克，清汤200克，湿番薯粉8克，花生油800克，雀巢1个

制法 将塘塞宰杀后，去内脏洗净，切成块状，菜脯切成片状。炒锅放在旺火上，倒入花生油烧至五六成热，放入蒜肉炸至呈金黄色，捞出，下塘塞炸1分钟，倒入沥油。炒锅留适量的底油，放入姜末煸至香，放入菜脯、塘塞、糯米酒、清汤煮滚后转小火焖至八成熟，再移至旺火上，加入白糖、香醋、胡椒粉，用湿番薯粉勾芡，出锅倒入雀巢中即可。

7. 蒜杆田螺

客家聚居地的溪、河、田、塘均产田螺，味极其鲜美，营养价值很高。此菜是

以田螺肉为主料，配以蒜秆，经炒制而成，田螺肉脆嫩，味鲜香爽口，食用方便。

配方 田螺肉400克，鲜蒜秆50克，蒜末5克，姜末4克，精盐5克，糯米酒20克，白糖2克，胡椒粉1克，清汤50克，香油2克，湿番薯粉6克，花生油50克

制法 将田螺肉放入滚水锅里汆一下，捞出。将蒜秆切成段。将清汤、姜末煸至金黄色，下田螺肉、蒜秆、精盐、白糖、糯米酒、胡椒粉，颠翻至田螺肉熟，倒入勾汁推均匀，出锅装盘即可。

8. 生蒸龙虾

龙虾是名贵的海产品，种类繁多，产于我国东南东沿海的主要有中国龙虾和锦绣龙虾。中国龙虾色暗褐带紫，外形美观；锦绣龙虾，色泽奇丽。龙虾分头胸部和腹部两大部分。头胸甲呈圆筒形，披有无数大小不等的空心硬棘，两眼向前突出，有两对触角。龙虾个大体粗，身长肉丰，肉味鲜美，营养和食用价值都很高，是宴席上的珍品佳肴。此菜是将龙虾蒸熟后，切成片按原型整齐地摆在长鱼盘里，色泽赤艳，造型美观，肉鲜醇香，味道纯正，蘸以佐料食之，风味别致。

配方 活龙虾1只（约700克），沙茶酱20克，芥末酱15克，酱油10克

制法 将龙虾通体洗净，用1根削尖的竹筷从龙虾嘴直插入体内（不要透过尾部），装入长盘，上笼屉用旺火滚水蒸15分钟至熟，取出，滗下蒸汁，稍凉后抽出竹筷，由龙虾腹下剥开整壳（保持整壳原形），取出龙虾身肉条，切成0.25厘米厚的片，按原肉条形顺序装入长盘，然后罩上龙虾整壳。将沙茶酱、芥末酱、酱油分别装在小碟，随龙虾一并上桌即可。

9. 煎虾扇

此菜是将虾拍打成宽厚片状，酿入虾馅成扇形，用煎之法烹制而在。此菜虾肉酥香。

配方 鲜大虾10条（约500克），鲜虾仁150克，猪肥膘肉40克，鸡蛋清1只，香菇丝10根，红辣椒丝10根，青椒丝10根，葱姜汁5克，精盐3克，

骨味素5克，白糖1克，绍酒5克，清汤50克，香油2克，熟猪油80克

制法 将大虾去壳留尾，洗净，从虾的头部至尾部批开背脊，去虾肠，用刀背在砧板上将虾逐条拍打成宽厚片状。把虾仁、猪肥膘肉分别剁成蓉状，放入盆里搅拌均匀成虾馅。把精盐、骨味素、白糖、清汤、绍酒、香油调成味汁。将虾片抹上一层干淀粉，放入虾馅抹平成扇形，力求大小厚薄均匀，在馅上分别放1根香菇丝、红辣椒丝、青椒丝。炒锅置旺火上烧热，下熟猪油涮锅后倒回油桶，端离火口，将的虾扇逐个排入锅内（酿的一面向上），把炒锅放回炉上，用小火慢煎，边煎边加油，边晃锅（防止粘锅煳底），煎至定型上色、放入味汁、加盖略焖片刻至收汁、取出、装盘即可上席。

10. 炒虾姑排片

虾姑，属虾类海产。《闽杂记》载："虾姑，虾目蟹足，背青腹白，足在腹下，大者长及尺，小者二三寸，喜食虾。"虾姑壳硬而肉鲜，出肉后清炒，质地脆嫩胜虾肉。

配方 活虾姑排1只（约700克），鲜葱20克，鲜红菜椒10克，姜末3克，葱姜汁5克，精盐3克，白糖1克，清汤40克，湿番薯粉10克，香油2克，花生油800克

制法 将虾姑排去壳，留头尾，洗净，用斜刀片成0.3厘米的片，放入盆里，加葱姜汁、精盐1克，湿番薯粉拌匀浆好。葱切成段，红菜椒切成片状。取一小碗，放入精盐、白糖、清汤、湿番薯粉、香油兑成芡汁。将虾姑排好头和尾，上笼蒸熟，取出，摆在长盘的两端。炒锅放在旺火上，倒入花生油烧至五成热，放入虾片滑散，倒入漏勺沥油。炒锅留底油，放入姜末煸至呈金黄色，下葱段、红菜椒片、虾片颠翻数下，倒入芡汁颠翻均匀，出锅倒在盘中央即可。

11. 海虾鱼翅

鱼翅是由鲨鱼的鳍干制成的，背鳍称劈刀翅，质量较优。胸腹鳍称翼翅、荷包

翅或青翅，质量软差。尾鳍称尖钩翅，含量最少，为劣品。鱼翅品质柔软，富有营养，是海味中之上品。但它乏味，故必须用鲜美的汤液烹之。此菜色泽红亮，鱼翅柔润滑润，虾肉鲜香。

配方 鱼翅150克，大海虾10只（约重280克），鸡腿2只，猪五花肉250克，水发香菇50克，葱段10克，生姜5克，精盐3克，酱油10克，糯米酒5克，胡椒粉1克，清汤200克，湿番薯粉10克，花生油20克

制法 将鱼翅用低浓度温碱水洗泡2分钟，取出放入温水中漂洗至去净碱味，捞出。把鸡腿、猪五花肉、香菇分别放入滚水锅里焯水、捞出。把鱼翅放入盆里，加清汤、鸡腿、猪三层肉、香菇、葱、姜、糯米酒、酱油上笼用旺火蒸30分钟左右取出。将鱼翅捞出，放入炒锅里，加原汤60克及精盐、胡椒粉焖至将收汁，用湿翻薯粉勾芡，淋上香油，出锅装在盘中。炒锅烧热放入花生油、大海虾、葱、姜，焗至熟，出锅去掉虾头，摆在鱼翅的周围，放上芫荽即可。

12. 香菇焖鱼皮

鱼皮是某些大型鱼类皮肤的干制品。常见的有鲨鱼皮、鳐鱼皮等，鱼皮大小不一，在鲨鱼身部剥下来的皮大而厚，表面布满砂粒，其质最佳。鱼皮含有蛋白质、钙、磷等矿物质，是一种营养丰富的名贵海味，所制之肴多于高档宴席中。此菜制作精细，先用滚水去腥，然后以葱、姜、酒调味，再以清汤焖制，使香鲜味渗入鱼皮，成菜油润滑糯，浓郁的香。

配方 水发鱼皮700克，水发香菇50克，葱段15克，姜汁4克，酱油15克，盐2克，糯米酒10克，清汤200克，湿番薯粉8克，熟鸡油5克，花生油50克

制法 将鱼皮切成菱形块，放入沸水锅里汆透，捞出，用清水漂净腥味，香菇切成两片。炒锅置旺火上，倒入花生油烧至五六成热，放入葱段煸至金黄色，倒入清汤、糯米酒、姜汁烧沸后拣出葱段，放入鱼皮、香菇、酱油、精盐烧至入味，用湿番薯粉勾芡，淋上熟鸡油，出锅装盘，即可。

13. 雀巢螺片

此菜是将螺肉片成薄片，放入80℃的热水锅里焯水，然后炒制而成。造型美观，脆嫩鲜美。

配方 净鲜螺肉300克，青菜椒50克，红菜头15克，红菜椒1个，蒜末4克，姜末3克，精盐3克，白糖2克，糯米酒5克，清汤50克，番薯粉8克，香油3克，熟猪油40克，雀巢1个

制法 将螺肉片成厚薄均匀的薄片，放入80℃的热水锅里汆一下，捞出。青椒、红菜椒分别切成片状，红菜头切成薄片。把精盐、清汤、薯粉、香油调匀兑成芡汁。炒锅放在旺火上，倒入熟猪油烧至五成热，放入蒜末、姜末煸至金黄色，下青菜椒、红菜椒、红菜头略炒，倒入芡汁煮至汁黏，迅速加入螺片颠翻几下，出锅倒入雀巢中即可。

14. 清蒸原壳扇贝

扇贝属软体动物，贝壳分左右两片，皆呈扇状，故称“扇贝”。此菜用蒸制而成，成汁原味，鲜嫩爽口。

配方 活带壳扇贝12克（约重1500克），蒜蓉10克，姜汁8克，精盐2克，糯米酒10克，芫荽8克，花生油15克

制法 将扇贝外壳用刷子刷干净，用刀从足丝孔插入两壳之间，刀贴右壳将闭壳肌切断，去掉右壳，把左壳排在盘里。将蒜茸、姜汁、精盐、糯米酒拌匀，洒在扇贝上。上笼用旺火蒸5分钟至熟取出，浇上热油，摆上芫荽即可。

15. 干贝冬瓜球

此菜是用干贝和冬瓜烹制而成。冬瓜无味，使干贝鲜味入之。干贝鲜味极浓，使其味出，互相出入渗透，使其达到清淡又鲜美。成菜冬瓜球玲珑剔透，鲜嫩滑爽。

配方 干贝100克，冬瓜600克，猪五花肉30克，红菜椒片少许，蒜末5克，姜末2克，精盐2克，鸡汤150克，清汤100克，胡椒粉0.5克，湿番

薯粉 8 克，香油 2 克，熟猪油 50 克

制法 将干贝洗净，放入碗里，加入鸡汤、猪五花肉，入笼屉蒸 20 分钟取出。炒锅放在旺火上，倒入熟猪油烧至四成热，放入蒜末、姜末煸至金黄色，下冬瓜、干贝，倒入清汤，放精盐煮至冬瓜入味，用番薯粉勾芡，撒上胡椒粉，淋上香油推匀，出锅装盘即可。

16. 清蒸红蟳

蟳以多年生、圆脐、块头大的为上品。红蟳的营养价值很高，可食部分含蛋白质 14%，脂肪 2.6%，还有维生素 A、B 族维生素和无机盐、核黄素以及多种氨基酸等。其肉雪白，质嫩味鲜，汁甘醇原，蟳黄色如凝脂，柔糯而香甜，是滋补食品。

配方 活红蟳 2 只（约重 800 克），葱姜汁 10 克，糯米酒 5 克，花生油 30 克

制法 先用竹签削尖从蟳腹向蟳嘴方向刺入，待蟳停止活动后，洗净外壳周围污泥，揭开蟳壳，去掉蟳嘴及肠泥，摘除蟳鳃洗净。将每只红蟳的螯切成 4 块后用刀拍裂，蟳身切成带腿状 8 块，将各件整齐排在盘里，将葱姜汁、糯米酒均匀浇在各件上，上笼屉用旺火蒸 15 分钟至熟，取出，浇上强热油即可。

17. 虫草鲍鱼

鲍鱼，它并非鱼类，而是属于贝类，是一种外壳椭圆，且只有一面壳的软体动物。其肉质嫩滑、滋味鲜美，非其他海产品所能比拟，素有“海味之冠”的美称。此菜是用中药贝草与鲍鱼同烹而成，汤汁清澈、鲜嫩爽口。

配方 活鲍鱼 500 克，虫草 12 只，鲜葱 1 根，姜片 3 克，精盐 3 克，糯米酒 8 克，清汤 500 克

制法 将鲍鱼用刷子涮去鲍鱼上的黑膜，去掉内脏，用清水洗净。把鲍鱼放入汤碗里，放入虫草、葱、姜糯米酒、上笼蒸 1 小时，取出，拣去葱、姜即可。

18. 乌龙擦珠

“乌龙擦珠”是以海参为“龙”，鹌鹑蛋为“珠”，故而得名。此菜用梅花参是海参中品质较好的一类，经涨发后，肉质厚，且有一定弹性。烹制时，要将海参先入热油锅里稍炸，使之皮酥，再加调味烧透。此菜色泽美观，取名生动，加之海参、鹌鹑蛋分别烹制菜肴清爽利落，鲜美醇香。

配方 水发大梅花参1条（约重900克），鹌鹑蛋200克，葱末5克，姜末3克，精盐2克，酱油10克，糯米酒10克，白糖2克，清汤500克，湿番薯粉8克，葱油10克，花生油1000克

制法 鹌鹑蛋煮熟去壳，用白卤至入味。炒锅放在旺火上，倒入花生油炸至八成热，将大梅花参皮朝上，放在漏勺中入油锅，并轻轻拌动漏勺，炸至听到微小爆裂声，捞出沥油。把锅内热油倒出，留适量的底油，放入葱末、姜末煸至金黄色，下大梅花参（皮朝上），加糯米酒、清汤、精盐、酱油、白糖，加盖煮滚后，改用小火焖至入味，取出大梅花参，皮朝上摆在长盘中。锅里汤汁，用湿番薯粉勾芡，淋入葱油推匀，出锅浇在大梅花参上，两旁放上鹌鹑蛋即可。

19. 焖海参

海参，属名贵海味，被列为中八珍之一，可分为刺参、乌参、光乌和梅花参等多种，以刺参最佳。海参营养较丰富，含蛋白质86.5%、脂肪0.3%、钙0.12%、磷0.34%、铁0.001%及维生素等。焖海参成菜软糯而爽，汁稍稠，有胶质，味馥郁。

配方 水发海参500克，水发香菇40克，红菜椒片5克，葱末10克，姜末3克，精盐2克，酱油10克，糯米酒5克，胡椒粉0.5克，猪骨汤1500克，清汤100克，湿番薯粉8克，葱油5克，花生油50克

制法 将海参去内洗净，切成条状，放入猪骨汤锅里煨至入味，捞出。香菇洗净切成条状。炒锅置旺火上，倒入花生油烧至五六成热，下葱末、姜末煸至金黄色，放入海参、香菇、红菜椒片、糯米酒、精盐、酱油、清汤煮滚，改用小火焖至将收汁，放胡椒粉，用湿番薯粉勾芡，淋上葱油推匀，

出锅装盘即可。

20. 肉馅鱿鱼

鱿鱼是海洋中的一种软体动物。鱿鱼头部有 8 根软足和 2 根很长的触手，腹部呈筒形，尾端呈菱形。体内含有赤、黄橙等色素，在水中能随环境的不同而变化颜色。鱿鱼含有丰富的蛋白质及磷、钙、铁矿物质，是比较名贵的海产品。此菜选型美观，鲜嫩可口。

配方 鲜鱿鱼 10 只，猪肉（七瘦三肥）200 克，水发香菇 20 克，姜末 5 克，蒜末 5 克，精盐 3 克，香油 5 克

制法 选用无头长约 13 厘米的鲜鱿鱼，去内脏，洗净。将猪肉剁成蓉，加入香菇（切成粒状），姜末、蒜末、精盐、香油拌匀成肉料。将肉料填入鱿鱼（八成满即可），鱿鱼口用牙签别住，放入小蒸笼里，上屉用旺火蒸 15 分钟至熟，取出，取掉牙签即可。

21. 炖鳖汤

鳖即甲鱼。它营养丰富，含有大量的动物胶、角质蛋白、磷、维生素等营养成分，常食有滋阴壮阳、散结清瘀、利血通脉、健脾利肝等功效。炖鳖汤用溪鳖、家养童鸡、猪肚三种质地各异的原料炖制而成，成味统一，汤汁醇香，是壮阳补肾的高级补品。

配方 活溪鳖 1 只（约重 400 克），家养活童鸡 1 克（约重 800 克），熟猪肚尖 50 克，枸杞 10 克，胡萝卜刻寿字 1 个，葱结 10 克，姜 5 克，精盐 8 克

制法 将溪鳖宰杀后，用热水烫，轻轻地刮去全身的黑膜，剁掉爪头，用刀沿背壳上周切开，去内脏，胆用剪刀破涂抹在鳖肉，斩成块状。鸡宰后，煺毛，取出内脏，用清水洗净，斩去头颈、尾、翅膀及爪，剁成块状，与鳖块一并放入滚水锅里焯水，捞出。熟猪肚尖切成小块状。将鸡块、肚尖块、鳖块放入汤盆里，加入葱结、姜、枸杞及适量的清水，上笼用旺火蒸 1 小时，拣去葱结、姜，放入精盐，再放上寿字即可。

22. 草姑鳖裙

鳖裙，即鳖的甲壳周边下垂的柔软部位。其味肥厚腴美，含丰富的胶原蛋白，滋补成分很高，是鳖的全身最味美的部位，历来为大筵珍品。鳖裙与草菇同烹，成菜后其质软糯脆爽，味鲜香口。

配方 鲜鳖裙500克，草菇150克，鸡翅中3只，红辣椒片5克，蒜末5克，姜末3克，精盐4克，骨味素3克，绍酒5克，清汤200克，湿淀粉6克，香油3克，熟猪油50克

制法 针鳖裙切成块状，鸡翅中斩成两段，与草菇放入沸水锅里焯水，捞出。炒锅置旺火上，倒入熟猪油烧至五六成热，放入蒜末、姜末煸至金黄色，下鳖裙、草菇、鸡翅中、红辣椒片、精盐、骨味素、清汤烧沸后，改用小火浇至肉酥烂，拣出鸡翅中，用湿淀粉勾芡，淋上香油推匀，出锅装盘即可。

23. 爆炒山猪肉

山猪，又叫野猪，它的听觉很敏锐，但视觉较差。山猪多栖息在近水的草丝或临近农田的树林草地中，对农作物害极大。山猪属瘦肉型，五脏和家猪一样，可以烹、炒、熘、炸等，做成野味佳肴。此菜香滑鲜嫩。

配方 山猪里脊肉（或后腿肉）400克，芹菜珠10克，红菜椒末5克，蒜末5克，姜末3克，精盐5克，蛋清1个，清汤50克，湿番薯粉5克，花生油500克

制法 山猪肉去净筋膜，切成薄片（大小薄厚必须一致），放入盆里，加精盐2克、蛋清、湿番薯粉拌匀上浆。炒锅放在旺火上，倒入花生油烧至五六成热，放入肉片滑油，倒入漏勺沥油。炒锅留适量少许底油，放入蒜末、姜末煸至金黄色，下肉片、精盐、清汤炒至均匀，撒上芹菜珠、红菜椒末，出锅装盘即可。

24. 砂锅鲜蕨

蕨菜是一种野生草一植物。它根茎粗壮、叶柄直立，长30~60厘米，略带灰宽

褐色。山区湿润、肥活、泥深的向阳坡上长有蕨菜。每年春天，蕨菜从地下抽出一个个新茎，萌芽出土后3~5天，还处于卷曲未展时，即可采摘食用。蕨菜保嫩期短，如果过期不采或采后不加工，就会失去食用价值。此菜用蕨菜为主料，配以猪蹄、用砂锅烹制而成，蕨菜滑嫩，猪蹄酥烂，汤汁鲜香。

配方 鲜蕨菜嫩芽150克，熟猪蹄200克，精盐5克，骨味素5克，清汤300克

制法 将嫩芽投入沸水锅里略汆，捞出。放入冷水过凉，去皮洗净。将猪蹄块放入砂锅，倒入清汤，置中火上浇沸下嫩芽、精盐浇沸，撇去泡沫，放骨味素，离火即可上席。

25. 煮栗肉

板栗号称干果之王，以其粉糯，香甜名世。此菜是栗肉与五花肉同烹，栗肉鲜香酥糯。

配方 板栗肉500克，猪五花肉100克，精盐6克，花生油800克

制法 将栗肉剥去膜洗净，猪肉切成大片。炒锅置旺火上，倒入花生油烧至五成热，放入栗肉炸至金黄色，倒入漏勺沥油。炒锅放入适量的清水，下栗肉、猪肉、精盐烧开后，改用小火煮至栗肉酥糯，待汁将尽时，拾出猪肉作他用，栗肉装盘即可。

26. 春笋煮咸菜

春笋是在春天所采竹子的幼芽，其肉质细嫩，口味清香，营养丰富，含有人体所需的糖类、脂肪、蛋白质及钙、铁、磷及多种维生素。

配方 嫩春笋肉500克，咸菜100克，猪五花肉100克，精盐3克

制法 将嫩春笋肉切成片，放入滚水锅里焯水（除去草酸）后捞出，用清水冲洗一下。将咸菜切成片。猪五花肉切成厚片。将笋片、咸菜、猪肉放入锅里，加入适量的清水，放入中火上煮滚，放精盐、改用小火煮半小时，离火，倒入深盘即可。

27. 砂锅苦笋玉环肠汤

苦笋是在春天所采小竹子的幼芽、肉质细嫩、口味微苦。成菜笋脆肠嫩、汤鲜略微苦。

配方 苦笋700克，猪小肠2米（约400克），咸菜梗25克，蒜肉5克，精盐5克，猪骨汤1000克

制法 将苦笋剥去外壳，去笋衣、取嫩部位切段，放入滚水锅里煮2分钟捞出。猪小肠翻过来洗净，切成25厘米长的段，左手拿住肠口，右手拿住另一头的肠口，往左手的肠口塞进后，一直推至结成玉环状，放入滚水锅里煮至定型捞出。咸菜梗切成片状。把苦笋、咸菜、玉环肠放入砂锅里，加入猪骨汤、蒜肉（拍裂），放在中火上煮滚，改用小火煮至玉环肠烂，取出，捞出蒜肉，加精盐即可。

28. 瓤全笋

小竹笋，笋箨褐色或黑绿色，笋箨紧裹笋内，竹笋营养丰富含有蛋白质、氨基酸、脂肪、糖类、钙、磷、铁、胡萝卜素、维生素B_1、维生素B_2、维生素C等。竹笋脆嫩鲜美。笋自古被视为菜中珍品，故有山珍之誉。此菜形状整齐，脆嫩味鲜。

配方 小竹笋10支，鲜虾肉70克，鸡脯肉40克，猪肥膘肉30克，蒜末5克，精盐5克，蛋清1个，鸡汤50克，香油5克，湿淀粉10克

制法 小竹笋剥壳，放入开水锅中煮约5分钟，捞出，剥掉笋衣，切去老根，长10~12厘米。然后用筷子从根部打通笋节。将鲜虾肉、鸡脯肉、猪肥膘肉分别剁成蓉状。加入精盐3克、蒜末、拌匀成蓉料。用筷子将蓉料填入笋肚内，尽量填实，制毕后，整齐摆放盘里，上笼蒸10分钟至熟，取出。炒锅放于火上，倒入鸡汤、原汤、精盐、放白糖烧沸。用湿番粉勾芡，淋上香油推匀，出锅浇至笋上即可。

29. 绿竹笋排骨汤

绿竹笋排骨汤是以煮的方法烹制，使绿竹笋的清甜与排骨的鲜香相互渗透，富

于营养，也具有消暑、止渴、利尿、益气的功效。

配方 鲜绿竹笋750克，猪排骨300克，精盐6克，清汤1000克

制法 将绿竹笋去壳，切成片状。排骨洗净，斩成段状。炒锅置旺火上，倒入清汤煮滚，放入排骨、精盐煮滚后，打净泡沫，然后放入笋片煮滚至笋熟透，出锅倒入汤盆即可。

30. 油焖麻笋

麻笋是竹子的幼芽，是客家聚居地的特产，夏秋上市，其质脆嫩，味道甜而鲜美。油焖麻笋是以麻笋为主料，用油和调料焖制而成。色泽红润，汁浓味鲜，脆嫩爽口。

配方 嫩麻笋800克，红菜椒少许，酱油50克，白糖20克，清汤200克，香油10克，花生油100克

制法 将麻笋剥壳，对剖开，切成5厘米左右的长条。炒锅放在中火上，倒入花生油烧至五成热，下麻笋炒至微黄时，即加入酱油、白糖、红菜椒、清汤焖至汤汁浓时，淋上香油推匀，出锅装盘即可。

31. 双丝麻笋

麻笋、香菇配上猪肉同烹，成菜脆嫩鲜香。

配方 嫩麻笋肉400克，猪里脊肉50克，水发香菇40克，猪菇汤300克，蒜末5克，精盐5克，熟猪油5克

制法 将麻笋肉、猪里脊肉、水发香菇分别切成大小一致的丝状。炒锅放在中火上，倒入熟猪油烧至四五成热，下蒜末煸至金黄色，放入笋丝、肉、香菇丝颠翻几下，加猪骨汤、精盐烧至将收汁时，出锅装盘即可。

32. 酸笋烧猪肚

酸笋是将竹笋煮后，加盐连汤一起放入专用的坛子内，让它自然发酵而产生酸味。酸笋之所以受到客家人的喜爱，是与它酸爽适口、刺激食欲，去腥解腻等特点分不开的。此外，它还有去积食、助消化的功效。此菜酸香、鲜嫩。

配方 酸笋200克，熟猪肚300克，姜末5克，蒜末5克，精盐5克，红菜椒8克，芹菜段10克，白糖5克，猪骨汤70克，花生油50克

制法 将酸笋、猪肚、红菜椒分别切成状。炒锅置旺火上，倒入花生油，烧至六成热时，放姜末、蒜末煸至香，放酸笋、猪肚、菜椒、白糖、猪骨汤烧至即将收汁时，放入芹菜段翻匀，出锅装盘即可。

33. 冬笋虾仁

冬笋是冬天所挖掘竹子未长出地面的嫩芽，冬笋肉质脆嫩，味道鲜美，含有蛋白质、脂肪、糖类、钙、铁、磷、维生素C外，还含有16种不同成分的氨基酸。

配方 嫩冬笋肉300克，水发虾仁20克，西蓝花300克，蒜末8克，精盐7克，红菜椒少许，鸡汤20克，熟猪油100克

制法 将西兰花切成小朵，加调料炒熟，装在盘中围一圈。冬笋肉切成片状。炒锅放在旺火上，倒入熟猪油烧至四五成热，放入蒜末煸至金黄色，下笋片、虾仁、红菜椒片颠翻几下，加鸡汤、精盐烧至将收汁，出锅装盘即可。

34. 香菇菜胆

香菇是山珍之一，含有30多种酶和18种氨基酸，营养丰富，是良好的健康食品。配上菜胆，恰以锦上添花，此菜菜色丰富，香菇鲜香，菜胆脆嫩。

配方 厚冬菇12朵，菜胆18颗，蒜末5克，精盐8克，鸡汤500克，熟猪油80克

制法 选用直径4厘米的厚冬菇12朵，用滚水泡10分钟捞出。菜胆放入滚水锅里氽一下捞出。将炒锅置旺火上，倒入50克熟猪油烧至五成热，放入蒜末煸至金黄色，下菜胆、精盐4克炒至熟，出锅整齐地摆在盘里。炒锅置旺火上，倒入熟猪油烧热，下香菇、鸡汤、精盐煮至香菇入味，待将近收汁时，出锅装在菜叶上即可。

35. 仙菇逢旧友

此菜以鲜（蘑菇）、香菇为主料。鲜菇谐音“仙姑”，鲜菇和香菇同是食用菌中的名品，形状类似，称“旧友”，两种原料分别烹制，再装同一盘中，又是重逢了，故名“仙菇逢旧友”。此菜鲜菇鲜嫩、香菇鲜香，系高档素菜。

配方 鲜蘑菇12粒，香菇12朵，蒜末10克，精盐6克，骨味素3克，清汤100克，湿淀粉15克，花生油60克，香油5克

制法 鲜菇洗净放入沸水锅里氽一下，捞出。炒锅置旺火上，倒入花生油30克烧至四五成热，放蒜末要5克煸至金黄色，下鲜菇、精盐、清汤50克烧至入味，用湿淀粉勾芡，将鲜菇码盘中，菇面朝上。香菇用热水泡，剪去蒂肢脚洗净，炒锅置旺火上，倒入花生油烧至四五成热，放蒜肉末煸至金黄色，下香菇、精盐、清汤、骨味素烧至入味，用湿淀粉勾芡，淋上香油，将香菇排在鲜菇外百四周，菇百朝上，即可上席。

36. 玉兰花草菇

草菇为宴席佳肴，尤其是盛夏，更为人民所喜爱。新鲜草菇色艳肥嫩、其味鲜美、炒菜煲汤、堪称佳品。此菜造型逼真、新嫩宜口。

配方 鸡胸脯肉200克，鲜草菇12个，葱姜汁3克，精盐5克，骨味素4克，蛋清1只，干淀粉10克，湿淀粉8克，香油2克

制法 每个草菇用刀划3刀，放入沸水锅里焯水、捞出。鸡胸脯肉用刀背捶成蓉、放入盆里、加葱姜汁、精盐3克、骨味素2克、蛋清搅拌均匀成馅料、分成12等份。分别在每个草菇撒上干淀粉，每个草菇放上1份馅料，制成玉兰花生坯，逐一制毕后，摆在盘中，上笼用旺火蒸10分钟至熟，取出。炒锅置旺火上，倒入汤汁和清汤，放入精盐、骨味素烧沸，用湿淀粉勾芡，淋上香油推匀，出锅浇在玉兰花上，即可上席。

37. 绣球金针菇

金针菇实体丛生，形态婀娜多姿，菌柄细长，色泽黄褐乳白相间，十分艳丽，

宛如鲜花怒放、盛似秋菊傲霜，清新可爱。肉质特别鲜嫩，脆而有味，软润而滑，因菌伞上有天然的增鲜剂，做出的菜肴风味极美、清香扑鼻，颇有一食而思百食不厌之感。

配方 罐装金针菇2罐，鲜虾肉150克，猪腰肉50克，菜胆200克，净荸荠20克，葱姜汁3克，精盐6克，骨味素5克，清汤50克，湿淀粉8克，熟猪油50克，香油2克

制法 将金针菇切成段，放入盘里。把虾肉、猪肥膘肉分别用刀背捶成蓉茸，荸荠切成末后，挤去水分。同放入盆里，加入葱姜汁、精盐2克、骨味素2克，搅拌成虾胶。把虾胶挤成10个丸子，放进盘里的金针菇上滚裹均匀成绣球，摆在盘中，上笼用旺火蒸10分钟至熟，取出。菜胆加猪油和调味品炒熟，摆在绣球周围。炒锅置旺火上，倒入汤汁和清汤，加上精盐、骨味素烧沸，用湿淀粉勾芡，淋上香油推匀，出锅浇在绣球上即可上席。

38. 炒鲜金针菜

通常人们烹菜制汤时多以干金针菜涨泡之后入馔，而很少用鲜品做馔。但用鲜金针菜入馔，其味道更加爽口，气息更加清芳；色泽淡黄美观；花蕾鲜嫩，消炎解热的功效更加突出。不过需要强调的是，鲜金针菜入馔要先焯水以去除秋水仙碱。此菜是用鲜金针菜为主，配以韭菜花采用炒制而成，黄绿相间、鲜嫩清香。

配方 鲜金针菜400克，韭菜花30克，蒜末5克，精盐5克，白糖2克，猪骨汤50克，湿番薯粉8克，香油5克，熟猪油50克

制法 将鲜金针菜去柄，洗净，放入沸水锅里焯烫3分钟，捞出，放入清水中漂洗除去秋水仙碱，捞出，沥去水分。将韭菜花切成段状。炒锅置旺火上，倒入猪油烧至六成热，放蒜末煸至香，下金针菜、韭菜花稍炒，放精盐、白糖、猪骨汤，用湿番薯粉勾芡，淋上香油，出锅装盘即可。

39. 瓤豆腐

瓤豆腐是在豆腐块中间挖一个小洞，瓤入肉馅，经煎制而成。成菜鲜香软滑。

配方 豆腐500克，去皮猪五花肉150克，虾米10克，芹菜珠10克，红菜椒末少许，蒜末5克，精盐8克，胡椒粉1克，猪骨汤200克，湿番薯粉8克，蒜油5克，花生油600克

制法 将豆腐切成长5厘米、宽4厘米、高2.5厘米的块12块。将豆腐块放入热油锅里炸至金黄色捞出，晾凉后，在豆块豆腐的中间，挖成长3厘米、宽2厘米的小洞。将猪五花肉剁成米粒状，虾米剁成末。将猪肉、虾末放入盆里，加入蒜末、精盐5克、胡椒粉搅拌均匀成肉馅，分为12等份。然后每块豆腐填入一份肉馅。用中火烧热炒锅，下适量的花生油，把酿好的豆腐逐个放入锅，边煎边加适量的花生油，然后加入猪骨汤、精盐煮五分钟，将豆腐取出装盘，汤汁用湿番薯粉勾芡，加入红菜椒末、芹菜珠、蒜油推匀，出锅浇在豆腐上即可。

40. 麻辣豆腐

此菜以麻辣、细嫩、鲜香、发烫诱人。此菜麻辣醇厚，豆腐细嫩。

配方 嫩豆腐500克，猪瘦肉50克，水发虾仁30克，水发香菇30克，葱末8克，酱油8克，胡椒粉2克，猪骨汤50克，湿淀粉5克，猪油60克

制法 将豆腐切成1厘米见方的丁，放入沸水锅浸泡2分钟，捞出，沥干水分。将猪肉、虾仁、香菇、辣椒切成小粒状。炒锅置旺火上，倒入猪油，烧至六成热，放蒜末煸至香，放入猪肉、虾仁、香菇，辣椒略炒，放豆腐、酱油、精盐、猪骨汤（以淹过豆腐为度）烧沸片刻，放葱末，用湿淀粉勾芡，撒上胡椒粉，出锅装盘，即可。

41. 八宝金瓜豆腐

此菜选料精细，富有营养，以豆腐为主料外，配有猪肚尖、栗子、香菇、虾米、猪里脊肉、猪心、鸭肫、笋肉等多种动物原料，用洁布包起来，用绳捆成金瓜形，经蒸制而成。形态逼真，鲜嫩、清香。

配方 豆腐500克，熟猪肚尖150克，炒栗子50克，水发香菇20克，虾米20克，

猪里脊肉40克，猪心50克，鸭肫1个，熟笋肉40克，青椒蒂1个，芹菜、红辣椒各适量，蒜末3克，姜末2克，精盐5克，鸡蛋清2个，清汤50克，少司10克，生粉20克，湿番薯粉6克，香油3克，花生油50克

制法 将猪肚尖、栗子、香菇、虾米、猪里脊肉、猪心、鸭肫、笋肉分别切成丁状。炒锅放在旺火上，倒入花生油烧至五六成热，放入蒜末、姜末煸至金黄色，放入丁料、精盐颠翻至熟，出锅晾凉。豆腐过筛成蓉，加蛋清、生粉拌匀，把洁布摆在盘里，放入豆腐蓉摊平、摊匀，然后放入丁料，将洁布包起来，用绳捆成金瓜形，上笼蒸熟，取出，去掉绳、洁布，摆在盘的一边，把青椒蒂、芹菜、红辣椒烫熟，作为金瓜蒂、藤、花。炒锅放在旺火上，倒入原汁和清汤、少司、精盐煮滚，用湿番薯粉勾欠，淋上香油推匀，出锅浇在金瓜上即可。

42. 砂锅豆腐

豆腐营养丰富，洁白柔嫩，烹调方便，而且经济实惠，贫富皆好。此菜是以豆腐为主料辅以其他原料，用砂锅烹制而成，汤汁醇香、鲜嫩爽口。

配方 豆腐300克，水发鱿鱼50克，水发香菇25克，蒜秆30克，红菜椒10克，精盐5克，猪骨汤300克，香油3克

制法 将豆成块状，放入热油锅里炸至金黄色，捞出。鱿鱼、香姑分别切成片状。蒜秆切成3厘米长的段，红菜椒切成小片状。把鱿鱼、香菇、豆腐、蒜秆、红菜椒、精盐放入砂锅里，然后倒入猪骨汤，放在中火煮至豆腐入味，淋上香油，离火即可。

43. 荸荠豆腐

此菜用豆腐、虾仁、香菇制成荸荠形，蒸制而成。成菜形状逼，色泽金黄，外酥里嫩，鲜香爽口。

配方 豆腐300克，鲜虾仁100克，猪肥膘肉50克，小朵香菇40克，大虾尾20个，精盐5克，骨味素3克，胡椒粉0.3克，清汤100克，鸡蛋清2个，

生粉 30 克，湿淀粉 6 克，香油 5 克

制法 豆腐过筛成蓉，虾仁、猪肥膘内分别剁成蓉，与豆腐蓉盛入盆里，加精盐、骨味素、鸡蛋清、胡椒粉、生粉搅拌均匀成豆腐馅。香菇用清汤煨过。取20朵的香菇百朝下摆在盘里，豆腐馅分成20份。分别镶在香菇上，另20朵香菇中间用刀开个口，面朝上铺在豆腐馅的上面，大虾尾向上，在开口的香菇上制成荸荠形，上笼蒸至熟，取出。把原汁和清汤，加精盐、骨味素烧沸，用湿淀粉勾芡，淋上香油推匀，出锅浇在荸荠上，即可上席。

44. 萝卜豆腐

此菜用豆腐、虾仁、猪肉、小菜心制成萝卜形，炸制而成，成菜形状逼真，色泽金黄，外酥里嫩。

配方 豆腐 500 克，虾仁 100 克，猪肥膘肉 60 克，小菜心 10 棵，炸鳊鱼末 3 克，蒜末 5 克，精盐 4 克，骨味素 3 克，胡椒粉 0.3 克，鸡蛋 2 只，生粉 100 克，面包粉 150 克，花生油 800 克

制法 豆腐过筛成蓉，虾仁、猪肥膘肉分别剁成蓉，与豆腐蓉盛入盆里，加精盐、骨味素、鳊鱼末、蒜末、胡椒粉、生粉搅拌均匀，分成 10 份，然后搓成一头大、一头小的萝卜形生坯。小菜心加调味炒熟，鸡蛋磕在碗里打匀成蛋液。炒锅置旺火上，倒入花生油烧至五六成热，将萝卜生坯逐个拍上生粉，拖匀蛋液，再粘匀面包粉，放入油锅炸至呈金黄色，捞出，插上一颗小菜心，即可上席。

45. 蘑菇豆腐

将豆腐、鸡肉、猪肉剁成蓉，加调料灌入肠衣，氽熟后切成段，放入汤锅里氽至呈蘑菇形。此菜形状逼真，鲜香嫩滑。

配方 豆腐 500 克，鸡脯肉 150 克，猪肥膘肉 60 克，蛋清 3 只，生粉 20 克，蒜汁 3 克，精盐 4 克，骨味素 3 克，清汤 1000 克，香油 5 克，葱末，红辣椒末各少许，肠衣适量

制法 将豆腐过筛成蓉，鸡脯肉、猪肥膘肉分别剁成蓉，与豆腐蓉盛入盆里，加蛋清、蒜汁、精盐、骨味素、生粉搅拌均匀。把豆腐蓉灌入肠衣内，两头用线绳扎牢，与冷水同时放入锅里（不能加盖），用小火慢慢加热，水温保持在90℃左右，不断翻转、视豆腐变硬，手捏时有弹性，捞出晾凉，用刀横切成2厘米长的段，放入汤锅里汆至呈蘑菇形，捞出装盘。炒锅置旺火上，倒入原汁和清汤，加精盐、骨味素烧沸，放葱末、红辣椒末，用淀粉勾芡，淋上香油推匀，出锅浇在蘑菇上，即可上席。

46. 芝麻豆腐排

豆腐、鸡肉、芝麻合烹为肴，互为补益、豆腐嫩，鸡肉鲜、配上芝麻之清香，相得益彰。此菜外酥里嫩，带芝麻香。

配方 豆腐400克，鸡脯肉150克，猪肥膘肉60克，鸡蛋4只，蒜末5克，精盐4克，骨味素3克，胡椒粉0.3克，生粉80克，白芝麻150克，花生油800克

制法 将豆腐过筛成蓉，鸡脯肉、猪肥膘肉分别剁成蓉与豆腐蓉盛入盆里，加蛋清（2只）、精盐、骨味素、胡椒粉、蒜末、生粉搅拌均匀，放入盘里摊平，厚0.4厘米，上笼蒸至熟，取出晾凉。鸡蛋磕在碗里打匀成蛋液。炒锅置旺火上，倒入花生油烧至六七成热，把豆腐排拍匀生粉，拖蛋液、粘匀芝麻，放入油锅炸至呈金黄色，捞出，改刀整齐地摆在盘里，即可上席。

47. 勤劳致富

芹菜为伞形科植物旱芹的全株。常见的芹菜有青芹菜、白芹菜和大棵芹菜，还有一种水芹菜。青芹叶柄细长，浅绿色、香味浓、品质好。白芹菜柄宽厚、白色、香味淡，常吃芹菜可降低胆固醇和血压功能。此菜用芹菜的“芹”的谐音“勤”，豆腐的“腐”的谐音“富”，寓意为用勤劳的双手创造财富。成菜软嫩鲜香。

配方 芹菜100克，豆腐300克，猪肉50克，水发香菇50克，蒜末10克，精

盐 5 克，猪骨汤 50 克，湿番薯粉 5 克，熟猪油 50 克

制法 将芹菜去根、叶，洗净，切成 3 厘米长的段，豆腐切成 3 厘米长的粗丝，在热油锅里稍炸一下，捞出，沥干油。猪肉、香菇分别切成丝。炒锅放在旺火上，倒入熟猪油烧至六成热，放入蒜末煸至呈金黄色，放猪肉、香菇、芹菜、豆腐、精盐、猪骨汤煮滚，用湿番薯粉勾芡，出锅装盘即可。

48. 冬瓜盅

“冬瓜盅”是一道艺术菜。整个冬瓜经过刀技加工。盅体图案新颖，盅内酿入鸭肉、鸭肫、鸡肉、猪肚、干贝、虾米、草菇等馅料，经蒸制而成。冬瓜盅以冬瓜命名，是取其清香之誉，其实吃的主要还是盅内的馅料和汤。成菜汤清味醇，是解暑时令佳肴。

配方 带皮冬瓜 1 个（约重 4500 克），鸭脯肉 50 克，鸭肫 50 克，鸡脯肉 50 克，熟猪肚 70 克，干贝 30 克，虾米 20 克，草菇 50 克，精盐 4 克，绍酒 3 克，清汤 500 克

制法 冬瓜洗净，在 1/3 处切开（2/3 为盅体，1/3 为盅座），将盅口的瓜皮刨成斜边后，把盅口四周改成锯齿形，挖出瓜瓤。盅体的外皮雕刻成图案，盅座也雕刻好，放入沸水锅浸没约 5 分钟，取出，用清水冷却，放在大平盘内，盅座上放盅体。将鸭肉、鸭肫、鸡肉、猪肚、草菇均切成 1.5 厘米的方丁，放入沸水锅里焯一下。虾米、干贝入笼蒸透，将各料均放入冬瓜盅内。炒锅放在旺火上，倒入清汤，放精盐、绍酒，烧沸后打去浮沫，倒入冬瓜盅内，入笼用中火蒸 1 小时至软烂，取出即可。

49. 葫芦藏宝

瓠为葫芦科植物瓠的果实。它的果实长大，外表绿色，长茸毛，上部圆小，下部圆大，形状像壶，通称葫芦，又叫瓠子。葫芦藏宝是将鸭肫、鸡肉、熟猪肚尖、香菇、干贝放入瓠子内，蒸制而成。成菜汤清鲜香，质地酥烂。

配方 瓠子 1 个（约重 1000 克），鸭肫 2 粒，鸡脯肉 50 克，熟猪肚尖 80 克，

水发香菇40克，干贝30克，精盐4克，清汤500克

制法 将瓠子洗净，离蒂3厘米处切开，挖出瓠瓤、外皮雕刻成图案。把鸭肫、鸡肉、熟猪肚尖、香菇分别切成1.5厘米的方丁，放入滚水锅里烫一下，捞出。把清汤倒入瓠体内，再加入鸭肫、鸡肉、肚尖、香菇、干贝、精盐、盖上瓠蒂，用牙签固定，上笼用旺火蒸1小时，取出即可。

50. 蟹黄苦瓜

苦瓜为葫芦科植物苦瓜的果实。表皮瘤状突起。苦瓜，顾名思义是以苦味诱人的。苦瓜的苦味是因为它含有苦味素，这种苦味和其他不同，吃后令人舌清凉，尤其是夏天吃苦瓜，可清暑涤热，明目解毒，增进食欲。据国外报道，苦瓜中含有奎宁，故可清热解毒；苦瓜含有的具生物活性的蛋白质，可提高免疫功能。此菜鲜香软润，微带甘苦味。

配方 苦瓜3条（约400克），蟹黄50克，猪五花肉200克，鲜虾肉80克，水发香菇30克，葱末5克，姜末3克，精盐5克，猪骨汤70克，湿番薯粉8克，香油5克

制法 选用直径为3厘米的苦瓜，洗净，切去头尾，然后切成2厘米长的段，挖去瓜瓤，放入沸水锅里焯水后，捞出沥干水分。将猪肉、虾肉分别剁蓉。香菇切成小粒，放入盆里，加入葱末、姜末、精盐4克，拌匀成馅料，用馅料分别将瓜筒填实，抹上蟹黄，放入盘子里，上笼用旺火蒸20分钟至熟，取出。炒锅放在旺火上，倒入原汁和猪骨汤，放精盐煮沸，用湿番薯粉勾芡，淋上香油，出锅浇在瓜筒上即可。

51. 炸茄筒

茄子为茄科植物茄的果实。茄按颜色分，有紫皮、青皮、白皮三种，以紫皮为佳。按形状分，有大圆形，灯泡形，长条形。茄子具有降低血液胆固醇的效能，为心血管患者的佳蔬。此菜是将茄子切成段去瓤，酿入肉馅成茄筒，用油炸而成，茄子软嫩肉馅鲜香。

配方 茄子500克，猪五花肉200克，蒜末20克，精盐5克，酱油10克，湿番薯粉30克

制法 将猪五花肉剁蓉，加入蒜末、精盐、酱油和湿番薯粉，搅拌上劲城肉馅。将茄子切段去瓤后填入调制好的肉馅，入油锅炸熟即可。

52. 瓤青椒

青椒为茄科植物青椒的果实。青椒含有维生素C、胡萝卜素、钙、磷、铁等。青椒具有湿中散热，除温开胃。此菜鲜香可口，带微辣。

配方 小青椒8克、鲜虾肉100克、鸡脯肉20克、猪肥膘肉30克、蒜末5克、精盐5克、猪骨汤60克、香油3克、湿淀粉10克

制法 把小青椒切去蒂及尾尖，然后去掉籽和瓤，放入沸水锅里焯水一下，捞出。将鲜虾肉、鸡脯肉、猪肥膘肉分别剁成蓉状，加入蒜末，精盐拌匀成肉料。用肉料分别将小青椒填实，放入盘里。上笼用旺火蒸15分钟至熟，取出。将原汁和猪骨汤倒入炒锅里，加精盐烧沸。用湿淀粉勾芡，淋上香油推匀，出锅浇在小青椒上，即可。

53. 银球白菜

此菜以白菜包馅蒸制而成，工艺新颖别致，荤素巧妙结合，风味别具一格。因其形、色宛似“乒乓球”故名。白菜软嫩淡爽，馅料鲜香味美。

配方 大白菜叶500克，猪肉200克，鲜虾肉100克，水发香菇20克，荸荠肉50克，炸鳊鱼末5克，精盐10克，白糖2克，鸭蛋1只，芹菜珠3克，红菜椒2克，胡椒粉1克，猪骨汤80克，干淀粉50克，湿淀粉10克，香油3克，花生油800克

制法 将大白菜叶洗净，放入滚水锅里烫软捞出，猪肉、虾肉分别剁成泥。香菇、荸荠切成末，一并加入蒜末、鳊鱼末、白糖、精盐、干淀粉搅拌均匀成馅料。炒锅置旺火上，倒入花生油烧至五成热，将馅料捏成每粒3厘米直径的馅丸。下油锅炸至金黄色捞出。每1片白菜叶包进馅丸1个，裹

制成“乒乓球”形。放在盘里上笼用旺火蒸10分钟取出。炒锅置旺火上，倒入猪骨汤煮滚，加入精盐、芹菜珠、红菜椒末，用湿淀粉勾芡，淋上香油推匀，撒入胡椒粉，出锅浇在“银球”上即可。

54. 荠子炒咸肉

荠子含有蛋白质、B族维生素和维生素C及钙、磷、铁等矿物质，与猪肉同炒，两者相得益彰。成菜鲜香脆嫩。

配方 咸猪肉（五花肉）400克，荠子500克，精盐2克

制法 将猪肉切成薄片。荠子择去须及尾段用清水洗净，切成段。炒锅置中火上烧热，放入猪肉煸至浅黄色将出油时，下荠子、精盐炒至熟，出锅装盘即可。

55. 九峰碱烊

此小吃是用米浆加埔姜碱水和精盐搅匀，上笼蒸制而成。九峰蒸制的碱烊，切成块状，用筷子夹上会微微颤动不碎、不断，品质最佳而得名。质地细嫩，带有碱香，是客家独特风味小吃。

配方 新大米3000克，埔姜碱水100克，精盐25克，葫头（蒜头）醋400克，卤肉1500克，虾子糠50克，葱油100克，湿番薯粉80克

制法 将大米淘净，放入清水里浸泡2小时，捞出，加适量的清水磨成细浆，盛在干净的木桶里。锅放在旺火上，放入适量的清水、碱水、精盐，舀入1/3的米浆搅匀，煮至滚后，倒入木桶的米浆中，然后顺一个方向搅拌200次成米半浆。大锅放在旺火上，倒入清水，放上十字架，铺湿笼布的烊浆，盖上笼盖，用旺火蒸2小时至熟，取出晾凉。将卤肉汤、虾子糠（剁碎），倒入砂锅煮滚，用湿淀勾芡，撒上胡椒粉、淋上葱油推匀，离火成番薯粉酱。食时，将碱烊切成小块，蘸葫头醋或番薯粉酱。

注 埔姜，学名：牡荆，属马鞭草科。将埔姜烧成灰，用滚水浸泡过滤，成碱水。

56. 火筒粄

此小吃是将米浆倒入铝制的圆盘里，放入滚水锅里隔水蒸熟，取出，把粄片着卷成筒（中间要留孔），形似以前的火筒而得名。火筒粄色白细嫩，是客家传统名小吃之一。

配方 新大米500克，卤肉汤300克，胡椒粉1克，虾子糠（虾皮）5克，葱油10克，湿番薯粉10克

制法 将大米淘净，放入清水浸泡2小时，捞出。加适量的清水，磨成细浆。先取小许米浆煮滚，倒出掺入米浆内，搅拌均匀，成为粄浆。把大锅放在旺火上，放入清水煮滚，放入用铝板制成的直径26厘米的圆盘，舀1小汤瓢的粄浆摊匀（越薄越好），盖上锅盖至熟，取出后，用竹片沿盘边划上一圈，用手轻轻撕开盘内粄片，搭在一根洗净的竹竿上，让水蒸气自然挥发净。然后每张粄片切成两片，卷成筒状（切不可卷实），依次将粄浆制完。将卤肉汤、虾子糠（剁碎），放入砂锅里煮滚，用番薯粉勾芡，撒上胡椒粉，淋上葱油推匀，离火，成番薯粉酱。食时，把火筒粄切成3.6厘米长的段，用筷子夹着，蘸番薯粉酱。

57. 粄馏汤

此小吃是用大米磨浆精制的粄子馏，放入排骨汤煮制而成。质地细嫩鲜美，是客家传统名小吃之一。

配方 大米500克，猪排骨500克，芹菜珠10克，精盐6克，胡椒粉0.5克，葱油5克

制法 将大米淘净，用清水浸泡2小时，捞出，加适量清水磨成细米浆压干。取1/3的干浆，放入滚水锅里煮熟，捞出与剩余的干米浆揉匀成粄团，将钻有小孔（直径约4毫米）的竹板，放在滚水锅上，人站在锅边，将粄团放在竹板上，用力推挤使粄团纷纷落在滚水锅里烫熟浮起，捞出过冷水，排骨剁成小块。将排骨块放入汤锅里，加入适量的清水，放在中火上煮滚，下粄子馏、精盐，离火，撒上芹菜球、胡椒粉，淋上葱油即可。

58. 煎菜头粿

此小吃是用大米浆和菜头泥搅匀，上笼蒸熟晾凉后，切成片状，放入油锅里煎至两面都呈金黄色，质嫩糯，皮酥香，是客家独特风味小吃。

配方 新大米2500克，菜头1500克，精盐40克，自制葫头（蒜头）辣酱80克，卤肉汤2000克，虾子糠60克，胡椒粉5克，葱油120克，湿番薯粉100克

制法 将大米淘净，放入清水里浸泡2小时，捞出加适量的清水，磨成细米浆。菜头去皮洗净，用手拿菜头，在擂钵擦磨成泥状。锅放在旺火上，倒入菜头泥和适量的清水煮滚后，加入精盐及米浆搅匀，煮至七成熟，出锅倒入容器里，用小竹片轻轻地拉平，上笼用旺火蒸2小时至熟，取出晾凉。将卤肉汤、虾子糠（剁碎），放入砂锅里煮滚，用湿番薯粉勾芡，撒上胡椒粉，淋上葱油推匀，离火，成番薯粉酱。把菜头粿切成1.5厘米的厚方片，放入油锅煎至两面呈金黄色，出锅，切成小块装盘。食时，蘸上葫头醋或番薯粉酱。

59. 糯米粑

糯米粑是将糯米蒸至米心刚透，米粒两头翅，放入石臼里用木杵舂成光滑无米粒的米团即糯米粑。它软韧香甜。客家人每逢办喜庆，桌上都要上糯米粑。

配方 糯米1000克，白糖400克，花生仁300克，白芝麻100克，花生油20克，蜂蜡15克

制法 将糯米淘净，用清水浸泡4小时后，捞出沥去水分，倒在铺有纱布的蒸笼里，摊开，蒸至米心刚透，米粒两头翅的糯米饭，取出，倒入石臼内，用木杵舂至细嫩光滑无米粒（一边舂，一边翻动一边下适量的凉开水，防止粘臼，增强软性）取出，成米团。把花生炒酥，去皮研成末。白芝麻炒酥，研成末，白糖研成粉，与花生末、白芝麻末拌匀成甜香料。小锅放在中火上，倒入花生油烧热，放入蜂蜡煮化，出锅倒入碗里成蜡油，待凉却。然后双手抹匀蜂蜡油，将米团搞成直径3厘米的粒，小匀甜香料，装盘即可。

60. 碱粿

碱粿是用米浆加埔姜碱水及精盐拌匀，上笼蒸熟后，晾凉，然后将熟粄团摘成小粿，食时蘸甜香料。

配方 糯米500克，埔姜碱水50克，白糖150克，花生仁100克，白芝麻100克，精盐3克，蜂蜡10克，花生油20克

制法 将糯米淘净，用清水浸泡2小时，捞出，加适量的清水磨成细浆压干，放在案板上，中间扒一凹洞，加入精盐和埔姜碱水，搅掺适量的清水，反复揉成呈光滑、不粘水（软硬适宜）放入容器，上笼用旺火蒸2小时至熟，取出晾凉。花生仁炒熟去膜后捣碎，白芝麻炒熟，与白糖拌匀成甜香料。小锅放在中火上，倒入花生油烧热，放入蜂蜡煮化，出锅晾凉，然后双手抹匀蜂蜡油，将熟粄摘成小粿装盘。食时蘸甜香料。

61. 出月粄

客家妇女生小孩满月时，要做出月粄，馈送给亲朋好友，祈求小孩健康成长。出月粄糯软香甜。

配方 大米1000克，糯米500克，黑芝麻500克，花生仁500克，白糖800克，红糖500克，熟花生油100克，竹叶100克

制法 将大小、糯米淘净，用清水浸泡4小时，捞出沥干水分，碾成米粉过筛细。红糖加入适量的清水，用小火熬成糖浆，滤去杂质及浮沫，倒入米粉中搅匀，然后用手反复揉搓，使米粉团发亮，分成50份。将黑芝麻淘净，炒熟；花生仁炒熟，去膜剁碎。加入白糖拌匀成馅料，分成50等份。把模具抹上油，取1份米粉团，包1份馅料，放在模具上，用手压平压紧，然后稍用力在案板，一拍掉下，放在竹叶上，上笼用旺火蒸15分钟至熟，取出即可。

62. 碗糊粄

碗糊粄是将粄浆放入浅底碗里，上笼整碗划块食之，故称碗糊粄。因它嫩糯爽口，

带有碱香，方便、卫生、实惠，很受食者的青睐。

配方 大米1000克，埔姜碱水80克，虾子糠20克，精盐10克，卤肉汤700克，胡椒粉2克，湿番薯粉50克，葱油10克，自制葫头辣酱

制法 将大米淘净，放入清水中浸泡2小时，捞出加适量的清水磨成细浆，盛于干净的木桶里。大锅放在旺火上，倒入适量的清水，加入精盐、埔姜碱水煮滚，舀1/3的米浆搅匀，煮开后，倒入木桶里的米浆中，然后顺一方向搅拌至均匀成烊浆。将烊浆分别舀入25个直径约15厘米的浅底碗中，上笼屉用旺火蒸40分钟至熟，取出成碗糊粉。将卤肉汤、虾子糠（剁碎），放入砂锅里煮滚，用湿番薯粉勾芡，撒上胡椒粉，淋上葱油推匀，离火成番薯粉酱。待蒸熟的碗糊烊稍凉凝固，逐碗用干净的薄竹片沿着边先绕割一周，分八块，舀入番薯粉浆、自制葫头辣酱即可。

63. 油墩

此小吃是将米浆和菜头丝放入墩模里，放入油锅浸炸而成，故“油墩”。一过中秋节后，九峰街头巷尾，便会飘逸着炸油墩的香味，那刚入热油锅里捞出来，热气腾腾，香味扑鼻，色泽悦目，咸香酥脆。

配方 大米500克，菜头100克，黄豆50在，葱珠10克，精盐3克，胡椒粉0.5克，花生油1000克

制法 先用马口铁皮剪焊成直径5厘米，高3厘米，上口略大，底部略小，再焊上一根长柄的模具2个。将大米、黄豆洗净，用清水浸泡2小时捞出。加入适量的清水，混合磨成细浆。菜头削去皮洗净，用刀切成细丝，撒上精盐拌匀腌制半小时后，取出用力挤干水分，放入葱球、胡椒粉拌匀。炒锅放在中火上，倒入花生油烧至六成热，把模具放入油锅中浸一下，倒去油，先舀上一大匙米豆浆铺底，中间放上菜头丝，面上再浇上一层米豆浆，使底部豆浆与面上的米豆浆汇合，全部包住菜头丝，随即把模具整个浸入油中约1分钟至表皮已凝结时，把油墩脱出模具浮上油面，

炸3分钟至熟，表面呈金黄色，捞出沥油，即可。

64. 炒米粉

米粉是以上等白米或粳米为原料，除去杂质，淘洗干净，加清水磨成浆（浆要磨得细匀，成品方能细润洁白），装入布袋内，压去水分，揉捏成团，上笼蒸熟（过火色黑，不熟则易碎断），上米粉机挤压成形，摊在竹箅上，干后即可。它具有丝条细匀，松韧不碎，洁白晶莹，质地良，煮炒等均可。既可做小吃，也可作为家常便餐，又可当作筵席的佳点。炒米粉成品后，柔韧鲜香。

配方 米粉干400克，大白菜100克，猪五花肉50克，水发香菇20克，红菜头10克，虾米10克，芹菜珠10克，蒜末10克，精盐5克，胡椒粉0.5克，清汤200克，葱油10克，熟猪油80克

制法 将米粉干用温水冲一下，捞出沥干水分。大白菜、猪肉、香菇、红菜头分别切成丝。炒锅置旺火上，倒入熟猪油烧至五六成热，放入蒜末煸至金黄色，下肉丝、大白菜、红菜头、虾米翻炒几下，加入精盐、清汤烧沸后，放米粉焖至收汁，加入芹菜珠、胡椒粉、葱油炒匀，出锅装盘即可。

65. 手抓面

此小吃是将熟面分卷起握实，因以手直接抓食而得名。它具清凉爽口，夏天食用最佳，是客家传统名小吃之一。

配方 面粉1000克、卤肉500克、炸五香5条，葫头醋150克，自制葫头辣酱50克，盐水15克，鸡屎香藤碱水50克

制法 将面粉放在案板上，中间扒塘，放入适量的清水、盐水、碱水和成面团，经反复揉、擀等工序后，切成细面条，放入滚水锅里煮至面条浮起熟透，捞出沥水，然后分成10等份，整理成直径1.5厘米面份，晾凉后，把面份逐一卷好，用手握实，装盘。把卤肉切成片状，装盘。炸五香切成段，装盘，随同面份、葫头醋、自制葫头辣酱上席。食时，用手抓面卷蘸酱料吃，配上卤肉、炸五香，味极佳，望之生津，食之溢香。

66. 炒面

此小吃是手制的油面条，加入配料及清汤使面条吸入汤汁而起鲜香。它具有油润带香，滋味鲜美的特色。

配方 面粉500克，埔姜碱水50克，绿豆芽150克，韭菜30克，猪五花肉50克，水发香菇20克，蒜末5克，精盐5克，米醋10克，白糖5克，胡椒粉0.5克，清汤100克，葱油5克，熟猪油60克

制法 将面粉放在案板上，中间扒塘，放精盐3克和埔姜碱水，掺适量的清水，和成面团反复揉至光滑，用面棍反复压成薄面皮，然后将面皮曲叠成梯形，用刀切成3.3毫米粗细均匀的细面条，放入滚水锅里煮浮起（即熟）立即捞出，沥干水分，放入适量的熟油拌匀成油面。将猪肉、香菇分别切成丝，韭菜切成段。炒锅放在旺火上烧热，用油涮锅，放入油条煸炒几下，加入白糖、米醋继续煸至透，出锅。炒锅放回炉上，倒入熟猪油烧至五六成熟，放入蒜末煸至金黄色，下猪肉、香菇翻炒几下，放入精盐、清汤煮滚，下绿豆芽、韭菜、已煸过的面条，炒匀，淋葱油，撒上胡椒粉，出锅装盘即可。

67. 鲜肉扁食

扁食，即馄饨，是我国最具有民族色彩的传统食品之一，南北各地的饭馆、家庭都可制作，男女老幼无不喜食。扁食因其成形方法、馅料和汤汁不同，种类也比较多。做得好吃的扁食不但形美、皮薄、馅嫩、汤鲜，而且食后齿颊留香，余味无穷。

配方 面粉500克，鲜猪瘦肉250克，虾仁100克，姜末15克，芹菜珠20克，葱白末100克，精盐6克，酱油20克，白糖3克，胡椒粉4克，炸蒜末适量，猪骨汤1000克，地瓜粉10克，大树碱3克，香油3克

制法 将面粉放在小盆里，用适量的清水（加入大树碱、精盐2克）和面，倒在案板上反复使劲搓揉，至面团十分光滑且不粘手后，盖上湿布静置半小时，揉匀，用地瓜粉撒在面上，压擀，反复折叠，直至皮薄如牛皮纸为止，切成4厘米 × 4厘米的扁食皮。将猪肉、虾仁分别剁成泥状，加葱白末、

姜末、精盐、酱油、香油，用猪骨汤150克（分几次加）拌制成馅料。左手拿扁食皮，右手用小竹片（或用筷子）挑适量的馅料往扁食皮里一抹，顺势朝内滚卷，抽出竹片，两头捻捏即成扁食。取碗10个，分别舀入沸猪骨汤100克，炸蒜末，将制好的扁食投入滚水锅里，煮至扁食浮上水面，即捞出放汤碗中，放芹菜珠，撒上胡椒粉即食才能吃出风味。

68. 槟榔芋泥

它是用槟榔芋头与花生仁、白糖、橘饼、猪油同炒而成。色似咖啡，细腻软润，香甜可口，看似凉菜，实却烫嘴，别具风味。

配方 槟榔芋头500克，花生100克，橘饼25克，熟白芝麻20克，白糖200克，熟猪油150克

制法 将芋头去皮洗净、切块，放进蒸笼蒸熟取出，放案板上，用棍或刀面压成粉泥状，拣去粗筋。将花生仁炒熟去膜，碾压成末，橘饼切成细末。炒锅放在中火上，放入熟猪油烧至六成热，将芋泥倒入翻炒散开，然后加入白糖、花生末、橘饼末一并炒至芋泥有些发沙，且猪油都被吸收时，出锅装盘，撒上芝麻，即可。

69. 百年好合

此菜以百合、莲籽为主料，取百字，故名“百年好合”，寓意为夫妻和美、百年到老。成菜清甜滋润，酥烂爽口。

配方 百合40克，莲籽150克，冰糖150克

制法 将百合、莲籽用清水洗净，浸泡2小时，捞出。把百合、莲籽放入汤盆里，倒入适量的清水，上笼屉用中火蒸至九成烂时，加入冰糖，再蒸至酥烂，取出即可。

70. 早生贵子

此菜的主料是红枣、花生仁、桂圆肉、莲籽。取“枣”的谐音，取“生”“子”

的字，故名“早生贵子”，是用来给新婚伉俪一种美好祝愿。

配方 红枣10粒，花生仁50克，桂圆肉30克，莲籽100克，冰糖150克

制法 花生仁去膜、莲籽去心，用清水浸泡2小时，捞出。红枣去核。将红枣、花生仁、莲籽放入汤盆里，倒入适量的清水，上笼屉用中火蒸至九成烂时，加入桂圆肉、冰糖，再蒸至酥烂，取出，即可。

71. 砂锅猪蹄

砂锅，是中国特有的，具有烹调、盛装两种功能的器具。用砂锅炖、煮菜，是中国烹饪的独特技法。这种技法历史悠久，别有特色，用料可荤可素，深受各层人士的喜爱。其菜品特色是：原汁原味，味真而美。用砂锅炖煮时需用小火加热，宽汤慢煮的方法，使原料中大部分的蛋白质被分解为氨基酸而溶于汤中，汤、菜味极为鲜美。香气浓郁，砂锅导热性缓慢，保温性好，受热均匀，因此，烹制菜品中汤汁消耗少，不需经常揭盖加汤（水）、原料的香气不会随蒸气散发。(保持原料形状的完美）。此菜将猪脚、芋头、香菇等原料用砂锅烹制而成，猪蹄酥烂，芋头松香，汤汁鲜美。

配方 猪蹄1只（约700克），槟榔芋头150克，水发香菇20克，蒜肉10克，精盐5克，白糖2克

制法 将猪蹄的残毛镊净，用刀背砸去脚夹硬壳，用清水洗净，斩成小块，放入滚水锅里氽一下，捞出。芋头切成小长方块，香菇切成条，蒜肉拍裂。炒锅置旺火上，倒入花生油烧至六七成热，放入芋头块炸至浮起呈浅黄色，捞出。炒锅留适量的底油，放入蒜肉炸至金黄色，下猪蹄、香菇、精盐、白糖和适量的水烧滚，改用小火焖至八成烂，放入芋头再焖至酥烂，起锅倒入砂锅里，放在小火上煮滚，离火即可。

72. 珍珠丸子

此菜是用猪肉馅做成丸子，外面粘匀糯米，蒸熟后米粒竖起，晶莹洁白，颗颗似珍珠，糯米柔韧，肉丸鲜嫩。

配方 猪肉250克，糯米150克，熟笋类肉米50克，鸡蛋1只，葱末5克，姜末3克，精盐5克，白糖2克，糯米酒10克，胡椒粉0.5克

制法 选用七成瘦、三成肥的猪腿肉，剔去筋膜，剁成蓉后放入盆里，磕入鸡蛋，放笋尖肉、葱、姜、精盐、白糖、糯米酒、胡椒粉和适量的清水，搅至上劲，制成肉馅。糯米淘洗干净，湿水浸泡3小时后捞出沥干。把糯米放在大盘里，将肉馅用手挤成直径为1.6厘米的肉丸，在糯米上一滚。肉丸粘满糯米后，逐个放在盘中，上笼蒸20分钟至熟，取出即可。

73. 大顺大利

此菜用笋肉和猪猁（猪舌）为主料，取“笋”的谐音“顺”，猁和利同音，故名大顺大利。此菜鲜脆爽口。

配方 熟笋肉200克，猪猁1条（约300克），韭菜花50克，红辣椒片少许，蒜末5克，粗盐4克，骨味素3克，清汤60克，湿淀粉10克，熟猪油50克

制法 将笋肉切成薄片，猪猁放入沸水锅氽一下，捞出，刮去舌面上的白膜，洗净，煮熟，切成薄片；韭菜花切成段。炒锅置旺火上，倒入熟猪油烧至六成热时，放蒜末煸至金黄色，下笋、猪猁、韭菜花、红辣椒、精盐、骨味素颠翻几下，倒入清汤烧至沸，用湿淀粉勾芡，出锅装盘即可上席。

74. 鞠躬尽瘁

此菜主料是河虾仁和蒜苗，虾仁弯着腰呈鞠躬状，蒜苗的色泽跟翡似，“翠”谐音“瘁”，故名鞠躬尽瘁。寓意不辞劳苦，尽心尽力，无私奉献。成菜色泽美观，鲜嫩爽口。

配方 鲜河虾仁250克，蒜苗100克，蒜姜汁5克，精盐5克，糯米酒10克，蛋清1个，清汤50克，湿番薯粉15克，葱油3克，花生油700克

制法 将虾仁洗净后，用干净布吸干水分，放入盆里，加精盐1克、蒜姜汁、糯米酒、蛋清、湿番薯粉抓匀浆好，蒜苗切成段。取一小碗，放入精盐、

胡椒粉、清汤、湿番薯粉、香油兑成芡汁。炒锅放在旺火上，倒入花生油烧至四成热，放入虾仁滑散，随之放入蒜苗稍滑，倒入漏勺沥油。炒锅放回炉上，倒入芡汁、虾仁、蒜苗颠翻均匀，出锅装盘即可。

75. 蒸石榴蟹

此菜用蟹黄及肉为主料，配上虾肉等，用白菜叶作皮，包成石榴形，经蒸作而成。造型典雅，嫩滑鲜香。

配方 蟹黄 50 克，熟蟹肉 200 克，鲜虾肉 150 克，猪肥膘肉 30 克，荸荠肉 20 克，白菜叶 12 片，蒜叶丝 12 根，精盐 4 克，骨味素 3 克，椒粉 0.5 克，鸡汤 50 克，湿淀粉 8 克，香油 3 克

制法 将鲜虾肉，猪肥膘肉分别剁成泥，荸荠肉切成细粒。然后把虾泥，精盐、骨味素搅匀打成虾胶，再加入肉泥、荸荠肉粒、蟹肉拌匀成馅料，分成 12 等份。把白菜叶，蒜味丝放入沸水锅里氽软，捞出。每份馅料用白菜叶作皮，包成石榴形，以蒜叶丝扎口，用蟹黄点缀于上，装盘上笼用旺火蒸 10 分钟至熟，取出滗出汤汁。炒锅置旺火上，倒入汤法、鸡汤，加入精盐、骨味素烧沸，用湿淀粉勾芡，淋上香油推匀，出锅浇的石榴蟹上即可。

76. 咸菜煮竹子笋

竹子笋是的春天所采小竹子的幼芽，肉质细嫩。成菜脆嫩，鲜香。

配方 咸菜 200 克，竹子笋 800 克，猪五花肉 100 克，精盐 3 克，猪骨汤 600 克

制法 选用咸酸适度、黄褐色、质地柔嫩的咸菜切成丝，将竹子笋剥去外壳，切成段状，放入开水锅里焯水（除去草酸），捞出，用清水冲洗一下。猪五花肉切成厚片。将咸菜、竹子笋、猪肉放入锅里，加入猪骨汤，放在中火上煮，滚后放精盐，改用小火煮半小时出锅装盘即可。

第七章

饮食调味趣谈

一、盐

“百味盐为先”，盐在菜肴调味中占据了十分重要的地位。在江苏泰州的“盐宗”庙里供奉着3位盐宗：一位是海盐生产的创始人夙沙氏；一位是盐商的祖宗胶鬲；还有一位是食盐专营创始人管仲。

据说，最早发现和使用盐的是夙沙氏，有“煮海为盐”之说。相传炎帝时期，在胶州湾内的一个原始部落，部落首领名叫夙沙。有一天从海里打了半罐水刚放到火上煮，一头野猪从眼前飞奔而过，夙沙拔腿就追，等他扛着打死的野猪回来，罐里的水已经熬干了，底部留下一层白白的细末。他用手指蘸了一点尝尝，又咸又鲜。夙沙用烤熟的猪肉蘸着吃了起来，感觉味道很鲜美。那白白的细末便是从海水中熬制出来的盐。从此，盐就走进了人类的生活并成了必不可少的物品。夙沙氏也就被后世尊称为“盐宗”。

在商朝末年，有一位贩卖鱼盐的商人胶鬲，因为有贤能被周文王看中，后备举荐为重臣。后来历朝历代的盐商都奉他为祖师爷，所以说，胶鬲为后世的盐商树立了很好的榜样。

而在西周之前，每个人都可以生产、运销食盐，逐渐的形成了一批实力雄厚的盐商，他们垄断海盐的生产、哄抬盐价，给社会造成了一定的混乱。春秋时期的齐国宰相管仲，看到了其中的缘由，认为，如果由国家来掌管盐业的生产、运销，可以抑制盐商，同时还可以为国家累积财务。所以，管仲开始颁布法令，组织专门的人员开始从事盐的生产。他开始控制海盐的价格，控制它的对内、对外贸易。这是中国历史上第一次实行“食盐专营”，开创了食盐民产、官府统购、统运和统销的食盐官营制度，“为富国之大计”，各朝统治者无不重视。

二、洋葱

洋葱原产于中亚或西亚，现有很多不同的品种，已经用于世界各地的食物。在西元前一千年的古埃及石刻中就有收获洋葱的图画，之后传到地中海区。西汉时，张骞出使西域，从西域带回许多物种。当时在西域已经有种植洋葱的记录。地理大发现之后，由欧洲向世界传播。16世纪，传入北美洲。17世纪传到日本。18世纪时，

《岭南杂记》记载洋葱由欧洲传入澳门，在广东一带栽种。

大约公元前3000年前，中亚地区的人就发现洋葱具有出色的医疗功效。在古罗马,尼禄皇帝曾先赞扬了洋葱在润喉方面的神奇作用。1596年出版的《奇妙的草药》一书中提到：洋葱可使秃顶生出头发，治疗被疯狗咬伤的人，治疗感冒，消除关节肿痛，减轻高血压，并益于消化道等。洋葱还可以预防痢疾等疾病。美国南北战争时期，格兰特将军告急："没有洋葱，我无法调遣我的部队。"第二天，3列满载洋葱的火车便开往前线，其作用远远超出预防疾病的范围。洋葱用于烹饪，如炖菜、羹汤等调味品，也作为一种烹炒的蔬菜。洋葱含有钙、铁、烟碱酸、蛋白质和维生素。

有趣的是，每年的9–10月间，英国东北部一些地区要举行一年一度的"洋葱头大赛"，参赛者上至达官贵人，下到农夫矿工，妇女参赛的更多。洋葱头大赛在这里已有300年历史。那时，洋葱在当地人民生活中的地位至关重要。不但食用，还作治病的良药。在婚宴中，洋葱又成为长辈对新婚夫妇表示祝愿的最好礼物。寄托着早生贵子的希望。这里的洋葱收获前，在洋葱旁边都竖着吊有瓶子的木架，瓶中鸡蛋清慢慢滴入土中，为地下的葱头"催肥"。洋葱一挖出来，人们即用牛奶为它"洗澡"，用油彩为它"梳妆"，还用粉笔将凹陷处填平。大赛时，评判成员用轻皮尺、弯脚规、计算尺和天平测出参赛洋葱的大小和重量，根据"美观程度"打分。比赛夺魁者可得一份丰厚的奖品，参赛者得到一份纪念品。人们为"洋葱头"吟诗歌颂，孩子们头顶洋葱翩翩起舞。人们品尝美味的"洋葱菜"，畅饮甘甜的"洋葱酒"，这是洋葱大赛的高潮。

三、紫苏

紫苏是一种常用药物，其叶、梗、种子皆可入药，深受人们喜爱。其实，紫苏并非本药的原品，提起它，还有一段鲜为人知的故事。

据传，古代名医华佗有一天在河边采药，时至中午，他拿出随身带着的干粮坐在河边的松树下一边吃一边休息。突然"嗖"的一声，从河里钻出一只水獭，嘴里叼着一条大鱼，到河边放下，便狼吞虎咽的吃起来。顷刻，那条大鱼被吃得一干二净，而那只水獭的肚子却胀得圆鼓鼓的，躺在地上翻滚着惨叫起来。这时，又从河里钻出一只老水獭，在躺着的水獭旁边转了一周后，便飞快地跑开了。一会儿，只见老水獭口含一束紫色野草，匆匆来到那只有病水獭身边，让它将该草吃下。少顷，水獭病好了，两只水獭一起跳进水里游走了。

看到这种情况，华佗深思了。他想，小水獭食鱼后出现的惨状定是中毒所致，老水獭救它的那种野草，一定具有解毒作用，何不用它作为解毒药物。于是他采了这种草在病人身上试用，发现了这种紫色野草不仅有解毒作用，还有发表散寒、行气宽中、安胎等多种功效。因草为紫色，服后能使人有病去之、身体舒服之感，故命名为“紫舒”。经历代沿用，“紫舒”被叫成了今天的紫苏。

四、丁香

丁香树是非常有诗意的，它树枝柔软细小，枝条百绕如结，所以有一个好听的名字叫“百结花”。杜甫是这样描述的：“丁香体柔弱，乱结枝犹垫。细叶带浮毛，疏花披素艳。”正是由于它的柔弱缠绵，在文人的眼中便成了忧愁和哀怨的象征。你看，“丁香空结雨中愁”，一脸的无奈和忧伤。我国现代著名的诗人戴望舒有一首很有名的诗《雨巷》，诗人幻想在悠长的雨巷中能遇见一位“丁香一样的姑娘”，她是有丁香一样的颜色，丁香果真成了一位柔肠百结的悉心女子了。

其实丁香本身是不可能知道哀愁的，花开过以后，它奉献给我们的是一味济世活人的中药。丁香花蕾称为公丁香，“种仁由两片形状似鸡舌的子叶包合而成”，称为母丁香，又叫鸡舌香。丁香芳香袭人，能温中散寒，温肾助阳，是很有些阳刚侠义的。作为一味常用的中药，《药性论》说它“治冷气腹痛”，《蜀本草》称“治呕逆甚验”，《华子本草》记载：“治口臭，反胃；疗肾气，奔豚气，阴痛；壮阳，暖腰膝”。丁香花蕾富含丁香油，现代药理实验证明，对多种细菌和流感病毒有较强的抑制作用，而且对牙痛有较好的治疗作用。

相传古代一位皇帝，素喜生冷食物，以致成疾，先是腹胀不已，后是上涌下泄，宫中御医屡治不爽，遂诏告天下良医。一天，一位衣衫破烂的乞丐揭榜应诊，皇帝见他手持大板，醉歌进宫，赤足而行，心中诧异，遂赐衣靴，谁知乞丐竟不理睬，只顾靠近龙榻，端视良久后说：“脾胃乃仓廪之官，饮食生冷便伤于脾胃。可用丁香制成香袋，悬于室内，即保安康”。皇帝依嘱而行。这天晚上，皇帝梦中又见乞丐，忙问何人，答曰：“八仙之蓝采荷也”。结果是皇帝的病好了。这是传说，但说明丁香有暖胃除秽之功。史料记载中也有言丁香功能的，如史载汉代宫郎在皇帝面前开口讲话，嘴中必含丁香，以免口中臭气引起皇帝不快。沈括《梦溪笔谈》中有载：“三省故事郎官口含鸡舌香，欲奏其事，对答其气芬芳，此正谓丁香治口臭，至今方书为然。”

五、当归

据传，三国名将姜维，出外征战，常年不归。一日，忽然收到了母亲从千里之外家乡捎来的一个小包裹，打开一看，原来是一味中药当归。姜维立刻明白了其中的意思，是母亲思念儿子，盼望他早日回家。但军中战事繁忙，难以脱身，姜维只好以大局为重，便也捎了一个小包裹给母亲，包裹中包的也是一味中药志远，以巧妙的方式告诉母亲他报效国家的信念。

我国古代习俗亲人离别赠芍药，相思寄红豆，相招寄之以当归，拒返则回之以志远。当归与志远均为常用草药，人们谐其音而用其意，作为传递信息交流感情的一种媒介，也实为一种趣事。

六、番茄

番茄的祖先最早生活在南美洲安第斯山区北坳的大森林里，年复一年，春华秋实，却无缘为世人知晓。到 16 世纪，葡萄牙考察队来到了南美，才发现这里生长着豌豆大小艳红如火的番茄，于是把它们带回了欧洲。当初人们还只是把开黄花结红果的番茄视为一种观赏的奇花异草，用来点缀庭园。后来，英国人俄罗达拉里公爵在罗诺克岛看见这种观赏果实非常喜爱，移了一株栽于花园，视如珍宝，并特意摘下艳丽的果实献给伊丽莎白女王，以示炽热的爱情。谁知公爵这一别致的举动后来竟蔚然成风，不少贵族门第也纷纷模仿，醉心于栽植西红柿，把它作为象征爱情的礼物，并誉之为“爱情的苹果”。就这样，番茄在欧洲不胫而走。

但是，在长达 3 个世纪里，美味可口的番茄在人们的餐桌上没有一席之地。因为它的果实光滑鲜艳，而枝条却长满了茸茸细毛，且分泌一种怪味液体，再加上它与曼陀罗、颠茄之类茄科有毒植物同一家族，所以谁也不敢冒险去尝一尝它的滋味。直到18世纪末，一位意大利人才第一个品尝到番茄酸中带甜，清爽可口。之后美国人罗伯特·约翰逊还向公众做了吃番茄现场表演，在场人见他安然无恙，便跟着品尝起来。欧洲人对于番茄的戒心解除了。

七、胡椒

胡椒是一种古老的调味品。它最早产于印度，在3000多年前的印度著作中就有关于胡椒的记载。到13世纪，我国普遍用胡椒调味。在中世纪远东和欧洲间的贸易中，胡椒就是最早的商品之一。古罗马人曾花大量钱财从东方进口胡椒。印度梵文古籍中就曾记载："罗马商人来时带着金子，走时带着胡椒，整个莫西里城响彻着买卖的喧嚣声。"甚而胡椒税成了罗马帝国财政预算的主要支柱之一。西罗马帝国灭亡前后，胡椒几乎在西方世界绝迹。人们只好以洋葱、大蒜等代用。到11世纪，由于经济和商业的发展，运到欧洲的胡椒才重新增加。此后的几百年间，欧洲从中近东运回的胡椒主要是威尼斯商人供应的。他们把胡椒称作"天堂的种子"，使买主相信胡椒是从天上摘来的。新航路开辟后，一些探险者沿着新航路来到印度，带回了珠宝，也带回了胡椒。于是这种古老的调味品备受推崇，传遍了世界各地。

八、生姜

从前，广州通判李玉好酒，每每用油炸鹧鸪送酒，一日，通判告假赴楚州，自觉喉痛难忍，延医诊治而不效。有医生杨吉老者，一反常治之法，仅用生姜切片，让通判嚼服。初时通判疑虑重重，喉痛已是难受，再用生姜辛辣岂不是雪上加霜？但又苦无良策，只好如法治之。谁知吃后不仅无辛辣灼痛之感，反觉清凉甘甜爽快。通判食生姜500克喉痛大轻，红肿消退，再服中药3贴而愈。通判不解其故，杨云："君素爱吃鹧鸪，而鹧鸪喜吃半夏，半夏之毒日久积体内生喉痛。这次旅途劳累，加上异地水土不服而发。生姜专攻半夏毒，故服食生姜而愈。"生姜为姜科多年生草本植物的新鲜根茎，去除须根后切片用。捣汁名生姜汁，取皮名生姜皮，煨熟名煨姜。

生姜辛，微温，归肺、脾、胃经。药用主要用于发汗解表、温中止呕、温肺止咳（煨熟用长于温中止呕）。民间习用饮生姜茶御寒、用生姜片擦小儿囟门发汗、咀嚼姜糖片止咳的方法，都是上述功能的具体作用。因其发汗力较强，故多作为辛温解表剂中之辅助品，以增强发汗散寒功效，如桂枝汤等方剂中均有生姜。若风寒感冒轻症可单用煎汤加红糖热服，或与葱白同用。

其次，用于胃寒呕吐，可单用或与半夏同用，增强降逆止呕作用。随配伍之不同也可用于多种呕吐，如胃热呕吐常与竹笋、黄连等清胃止呕药同用。

生姜还用于风寒咳嗽，常与其他散寒止咳药同用。

此外，还用于炮制半夏、天南星，以制其毒，如姜半夏；或用于消除半夏、天南星引起的喉舌麻痹、疼痛等到不良反应。

生姜作为引药，在处方中也不少见。其主要作用是：或引药归经，或调和药性，或预防某些药物可能产生的毒副作用，或增强药效。因生姜遇热易挥发，煎煮时以后下为宜。

现代药学研究，生姜含挥发油，油中主要为姜醇、姜烯等，又含辣味成分姜辣素、姜酮等。对呼吸和血管中枢均有兴奋作用，能增进血液循环，促进发汗。姜辣素能促进消化液的分泌，增加食欲。姜并有增加胃肠蠕动、抑制肠内异常发酵和促进气体排出的功效，有健胃作用。

姜在日常生活中主要作为调味品运用，一可矫正蔬菜中的不良气味；二可解除海味食物中的毒性；三有调胃防病之功。

九、大蒜

大蒜原产地在西亚和中亚，自汉代张骞出使西域，把大蒜带回国安家落户，至今已有两千多年的历史。大蒜是人类日常生活中不可缺少的调料，在烹调鱼、肉、禽类和蔬菜时有去腥增味的作用，特别是在凉拌菜中，既可增味，又可杀菌。习惯上，人们平时所说的“大蒜”，是指蒜头而言的。

据说，大蒜是从打赌中发现的。有人用打赌比赛吃辣味食品，赛物有辣椒、胡椒、生姜、大蒜等，结果参赛的人纷纷败北。有一条大汉偏不服气，他挑选了大蒜吃起来。3 头大蒜下肚，只觉得口辣心热，肚中难受，但无意中却治好了他患了多日又百治不愈的痢疾。于是乎，大蒜有了新功能，中药的家族又添了新成员。

大蒜具有强力杀菌的作用。大蒜中含硫化合物具有奇强的抗菌消炎作用，对多种球菌、杆菌、真菌和病毒等均有抑制和杀灭作用，是当前发现的天然植物中抗菌作用最强的一种。他还能防治肿瘤和癌症。因为大蒜中的锗和硒等元素可抑制肿瘤细胞和癌细胞的生长。美国国家癌症组织认为，全世界最具抗癌潜力的植物中，位居榜首的是大蒜。它能排毒清肠，预防肠胃疾病。还能降低血糖，预防糖尿病。大蒜可促进胰岛素的分泌，增加组织细胞对葡萄糖的吸收，提高人体葡萄糖耐量，迅速降低体内血糖水平，并可杀死因感染诱发糖尿病的各种病菌，从而有效预防和治疗糖尿病。对防治心脑血管疾病、预防感冒、抗疲劳、抗衰老、保护肝功能、抗过敏等方面有很好的功效。

大蒜之所以能有这么出色的功效，是因为它含有蒜氨酸和蒜酶这两种有效物质。蒜氨酸和蒜酶各自静静地呆在新鲜大蒜的细胞里，一旦把大蒜碾碎，它们就会互相接触，从而形成一种没有颜色、但有很强杀菌作用的油滑液体——大蒜素。大蒜素遇热时会很快失去作用，所以大蒜适宜生食。大蒜不仅怕热，也怕咸，它遇咸也会失去作用。因此，如果想达到最好的保健效果，食用大蒜最好捣碎成泥，而不是用刀切成蒜末。并且要先放 10~15 分钟，让蒜氨酸和蒜酶在空气中结合产生大蒜素后再食用。

大蒜可以和肉馅一起拌匀，做成春卷、夹肉面包、馄饨等，还可以做成大蒜红烧肉、大蒜面包。德国还有大蒜冰淇淋、大蒜果酱和大蒜烧酒等，不仅健康，而且味道不错。用大蒜素提炼成的大蒜油健康价值也很高可以抹在面包上吃或作为烹调油食用。

参考文献

[1] 斯波. 畅销麻辣休闲素食品发展之趋势 [J]. 中国调味品，2009，10：113.

[2] 徐清萍. 调味品加工技术与配方 [M]. 北京：中国纺织出版社，2011.

[3] 于新，吴少辉，叶伟娟. 天然食用调味品加工与应用 [M]. 北京：化学工业出版社，2011.

[4] 朱海涛. 最新调味品及其应用 [M]. 济南：山东科学技术出版社，2011.

[5] 郑友军. 新版调味品配方 [M]. 北京：中国轻工业出版社，2002.

[6] 张秀媛，李育峰. 传统调味品酿造一本通 [M]. 北京：化学工业出版社，2013.

美味新时尚——骨味素

中国是美食大国，中国的饮食文化是中国传统文化的重要组成部分，我国劳动人民在长期的生活实践中积累了丰富的饮食经验和技术，调味便是其中之一。在4000多年以前夏商时代的伊尹地就懂得调味、调汤，到距今2000多年的秦朝，吕不韦所著的《吕氏春秋·本味篇》中就更明确地归纳了伊尹的经验和实践提出“水生者腥、食草者膻、食肉者臊”的异味概述，以及九鼎九沸、九变，调味理论。在传统的鲁菜中人们都知道用猪骨、鸡、鸭、牛肉煮汤后，调出鲜味，称之为高汤、清汤、奶汤。而“鲜”字也是在4300多年前由彭祖所发明，是以“羊方藏鱼”为代表菜，将鱼羊为鲜升华到理论。

味精的出现改变了人们的饮食新观念，把调鲜的技法更快捷、更明显了！味精由日本人在20世纪初发明，于20世纪30年代引入中国。味精与火柴（洋火）、煤油（洋油）一样实用性强、诱惑力大而很快被国人所接受，到20世纪50年代我国已有技术引进，20世纪60年代开始在国内广泛使用。但是，味精只能满足人们的口感鲜味、味觉，而没有什么营养价值。在使用味精时还要避开高温，因为味精在高温下会失去结晶水成为焦谷氨酸钠，焦谷氨酸钠是没有鲜味的，对人体也没有好处。所以，近年来在欧美和日本等国用以替代味精、鸡精等的营养型鲜味调味料发展很快，每年以15%~20%的速度递增。

随着社会经济的发展、人们生活水平的提高，营养型鲜味调味料将成为调味品市场的主流产品。

目前，在辽宁省抚顺市企业家——于连富带领下，经过多年精心的研究、试验，开发出了独凤轩骨汤系列的调味品——骨味素，是利用动物的杂骨制作出天然美味的调料，骨味素、骨汤膏、牛骨白汤膏、鸡骨、猪骨白汤、高汤膏和骨髓浸膏。

这些调味品有以下五大优势：

1. 环保产品

动物杂骨从屠宰场直接进入生产企业，企业将新鲜杂骨进行消毒处理，提取骨质精华，制成调味品和明胶，而杂骨的废渣被制成骨粉卖给饲料公司作为饲料的添加物，为环境卫生做出了很大的贡献。

2. 低碳产品

在厨师行业要想烹制出美味佳肴就离不了汤，而制汤工艺却是室内烦杂，耗时耗力。在制汤工程中，首先将原料、棒子骨、整鸡、牛肉等加水，放到炉火上炖煮，待开锅后改成小火炖煮 3 ~ 4 个小时，吊出白汤，又称奶汤、清汤又称高汤。吊一锅汤需要消耗液化气 600 ~ 900 克，而产生的二氧化碳 26 ~ 30 千克。

使用骨汤调料，只需要将水烧开后，舀一勺调料放入水中拌匀即成高汤、奶汤，从而能节约了大量资金和时间，减少了二氧化碳的排放量。

3. 补钙佳品

骨汤系列调味品，含有丰富的天然钙质，食用后易消化吸收，补钙壮骨。

4. 天然美味

骨汤调料，是由新鲜杂骨制作而成，天然、美味，是天然健康的调味品。

5. 价廉物美

骨汤调料的价格适中，适合大众消费水平！

著名书法家李荣玉
大师题词

天然美味海鲜精产品

李广效先生题字

著名艺术大师范曾先生题字

中国食文化丛书编委会推荐产品

健康食品

辽宁抚顺独风轩食品
有限公司：

贵公司生产的骨味素、骨汤系列产品，经专家评定为：

健康食品

特发此证 以资鼓励！

中国食文化丛书编委会
Food Cultural Books of China

2016年8月28日

低碳环保　绿色健康

金稻一品
PM2.5

烫红金
UV

荣获国家科技进步奖的鲁花产品——中国味，鲁花香

开创调味新产品的欣和系列调味品

安然公司总经理刘润东先生与本书高级顾问

纳米和悦养生酒

打入国际市场的龙大肉食品——健康食品，放心食品！

传江香油　营养美味

香其酱、海鲜精、鱼露、美极系列、海天酱油、劲霸调料等调味品是经过多年实践使用被广大厨师认可的调味品。

刘凤凯大师用厨书题字

倪子良大师

贾富源大师

程伟华大师

中国食文化丛书编委会

刘百万大师

刘凤凯大师

吕良福会长

杨太纯大师

姚荣生大师

叶美兰大师

权福健大师

本书编委会主任刘敬贤大师

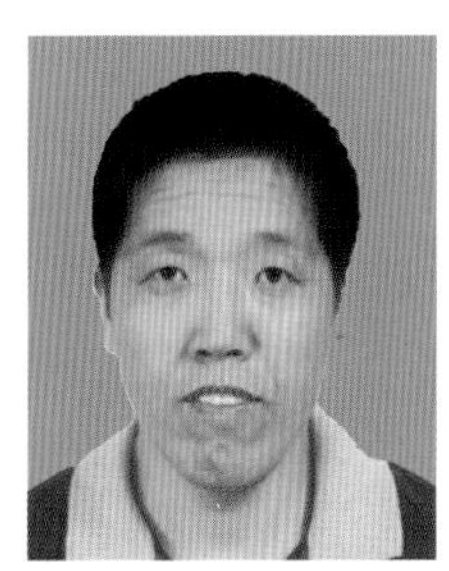

张潮荣大师

周桂禄大师

何亮，男，汉，1968 年 5 月生。中共党员，中式烹调师高级技师、全国餐饮业评委。2006 年入选《北京当代名厨》，在多项国际级、国家级行业比赛中获得金奖，被聘为世界烹饪联合会、首都保健营养美食学会等协会组织理事。2008 年被评为第四届东城区人民教师，2010 年获北京市先进工作者荣誉称号。

何亮作为专业主任，建设烹饪专业教学实训基地，他带领团队为建设高端、精品、特色专业做出了突出贡献。他带头设计建设的烹饪实训基地融时尚、现代与科技为一体，在教学、培训等方面发挥了重要作用，创造了极大的社会效益，受到市、区领导和行业专家的肯定。

为进一步突出职业教育服务社会的功能，他积极通过媒体向广大群众传授烹饪知识和技能，并参与北京卫视《身边》栏目“走转改”系列节目录制，受到中央领导的首肯。2013 年作为被聘为北京美食春晚厨艺顾问。他以实际行动宣传职业教育，为东城区职业教育的发展、为建设国际化、现代化新东城做出了突出贡献。

姜波，男，1976 年 12 月生，中式面点高级技师。2007 年至 2015 年姜波老师先后被中央广播电台 1018 栏目、北京广播电台 1039、87.6 栏目、北京电视台生活频道等栏目聘为嘉宾主持，并参与节目的策划、修改、制作、改版等工作。参与了由中国轻工业出版社组织编写的《中国饮食文化史》，2010 年参加编写由清华大学出版社出版的《中华人民共和国职业审定中心——面点技能高级、技师、高级技师》。

自 1995 年至今在全国讲学，弘扬真正中国传统饮食文化的精髓，众多媒体都对他进行报导和专访，也被誉为“北京城里的活化石”。